SCIENCE

인간과 우주에 대해 아주 조금밖에 모르는 것들

125 QUESTIONS

인간과 우주에 대해 아주 조금밖에 모르는 것들

강봉균, 이정모, 이현숙, 정재승, 최기운 지음

2012년 7월 20일 처음 찍음 | 2017년 4월 20일 네 번 찍음
펴낸곳 도서출판 낮은산
펴낸이 정광호 | 편집 정우진 | 제작 정호영 | 디자인 박대성
출판 등록 2000년 7월 19일 제10-2015호
주소 04048 서울시 마포구 독막로9길 23 아덴빌딩 3층
전화 (02)335-7365(편집), (02)335-7362(영업) | 팩스 (02)335-7380
홈페이지 www.littlemt.com | 이메일 littlemt2001hr@gmail.com | 트위터 @littlemt2001hr
제판 · 인쇄 · 제본 상지사 P&B

ISBN 978-89-89646-82-2 03400

인간과 우주에 대해 아주 조금밖에 모르는 것들

정재승 기획
강봉균 이정모 이현숙 정재승 최기운 지음
김용석 강신주 정재승 좌담

낮은산

과학의 최전선에서 보낸 따뜻한 질문 그리고 대답

《인간과 우주에 대해 아주 조금밖에 모르는 것들》은 우리 시대 가장 탁월한 학자들에게 가장 도전적인 과학적 질문을 던지는 책이다. 어떤 질문은 너무 뻔해서 아직도 우리가 이런 질문에 답을 못하고 있었다는 사실에 의아하기도 하고, 또 어떤 질문은 다루고 있는 범위가 너무 커서 수많은 질문이 꼬리에 꼬리를 물게 하기도 한다. 이 책은 자연과 인간에 대한 그런 대담한 질문들에 야심 차게 도전하고 있는 무모한 책이다.

2005년《사이언스》는 창간 125주년을 맞아 우주와 자연, 생명과 의식에 관한 가장 중요한 125개의 질문을 선정했다. 과학자들 사이에서 크게 화제가 됐던 이 질문들의 매력은 누구나 흥미로워할 만큼 보편적인 물음이라는 데 있다. 예를 들어, '잠자고 꿈꾸는 이유는 무엇인가?' '도덕성은 뇌에 각인되어 있을까?' '자연이 이토록 복잡하고 아름답고 질서정연한 이유는 무엇일까?' '줄기세포로 모든 암을 치료할 수 있을까?' 같은 질문들은 과학자가 아니더라도 누구나 호기심을 느낄 법한 질문들인데, 125개의 질문들 대부분 이렇게 보편적 호기심을 자극하고 있다. 그만큼 과학자들이 이런 중요한 질문들에 대해 아직 명확한 답을 찾지 못하고 있다는 뜻이리라.

이 질문들을 보면서 묘한 호기심이 다시 발동했다. 과연 대한민국 최고의 석학들은 이 질문에 대해 어떤 답을 가지고 있을까? 그들에게 이런 질문들은 과연 어떤 의미일까? 이런 엉뚱한 호기심에서 시작되어 이 책은 세상에 나오게 됐다.

이 책을 세상에 선보이는 데까지는 숱한 우여곡절이 있었다. 2006년 소나기가 억수로 쏟아지던 어느 날, 처음 이 책의 기획 이야기를 하며 출판사 편집자와 함께 서울로 올라가는 도중, 차가 수면에 미끄러져 고속도로 중앙 분리대를 박는 사고가 일어났다. 다행히 다친 사람은 없었지만 차는 폐차하기에 이르렀고, 이 책은 그런 우리에게 '영광의 상처' 같은 훈장이 되리라 믿고 출간을 준비하게 됐다.

석학들을 초청하는 과정도 만만치 않았다. 다들 질문이 너무 도전적이어서 답하기 곤란하다며 정중히 거절하셨다. "저는 이런 큰 질문에 답을 하는 학자가 아니에요. 저는 실험실에서 아주 작은 질문에 겨우 답을 하는, 그러니까 한마디로 아주 구질구질한 연구를 하는 사람이랍니다." 같은 솔직한 답장을 해 주신 과학자도 있었다. 우리 과학자들은 모두 실상 그렇지 않은가! '의식의 생물학적 토대는 무엇인가?' 같은 거대한 질문에 답을 하는 것은 이런 책을 쓸 때만 하는 일이지 않은가? 이 책은 그럼에도 불구하고 용기를 내 주신 석학들의 '생각의 산물'들이다.

덧붙여, 이 책에는 독특하게도 인문학자들이 자연과학자들과 공학자들이 답해 놓은 질문에 논평을 하는 좌담도 수록돼 있다. 아마도 이 책을 읽는 별미가 될 텐데, 많은 인문학자들이 이 대담을 조심스럽게 고사한 것도 또 하나의 우여곡절이었다. 원래 다른 분야에 대해 논평을 한다는 것 자체가 금기를 깨는 도전이니까. 하지만 대화는 유쾌했고, 과학에 대한 따뜻한 조언과 비판이 가득했으며, '과학자 아닌 척, 과학자 흉보기'도 달콤했다.

이 책은 이런 우여곡절 끝에 야심 차게 출간됐다. 이런 책을 포기하지 않고 끈기 있게 출간해 준 낮은산 출판사, 그리고 이 책에 기꺼이 옥고를 보내 주신 대한민국 최고의 과학자들, 그리고 과학에 대해 논평하기에 주저함이 없었던 '진정한 과학애정인' 김용석 선생님과 강신주 선생님께 진심으로 고맙다는 말씀을 드리고 싶다. 이 분들의 노력이 없었다면, 과학 분야의 도전적인 질문과 이에 대한 대한민국 과학자들의 탁월한 답변이 세상에 던져지지 못했을 것이다.

가장 위대한 과학은 질문과 대답을 통해 우리가 인간과 우주에 대해 갖고 있는 인식의 한계를 명확히 드러내 주는 것이다. 이 책이 만약 충분한 대답이 못 되었다면, 바로 그 자리에 과학의 최전선이 존재한다는 뜻일 것이다. 이 책은 그 최전선에서 과학자들이 인류에게 보내는 따뜻한 편지다.

2012년 7월

지은이와 좌담자를 대신하여 정재승 씀.

차례

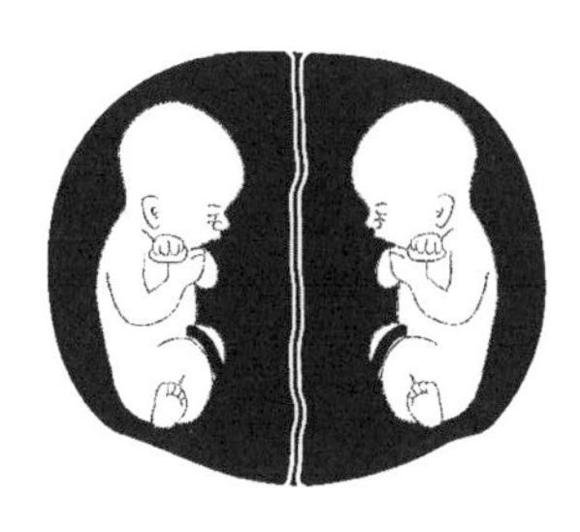

LIFE
삶과 죽음을 바꿀 수 있을까?

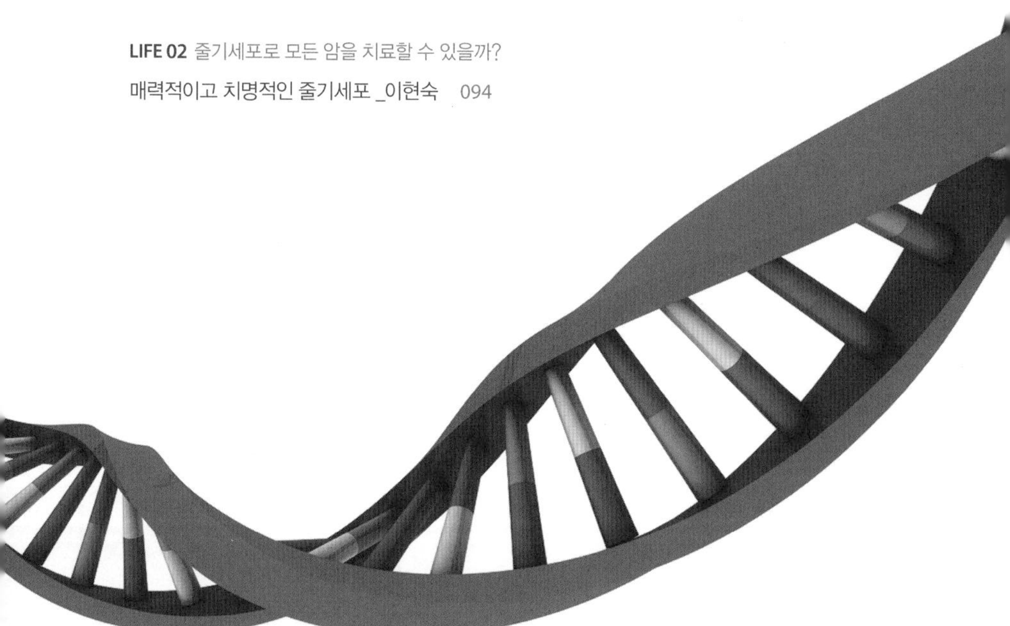

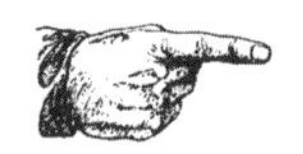

HUMAN
인간 본성이 과학으로 설명될까?

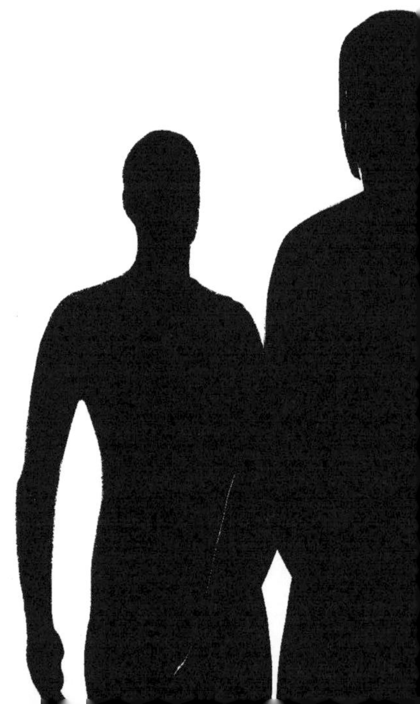

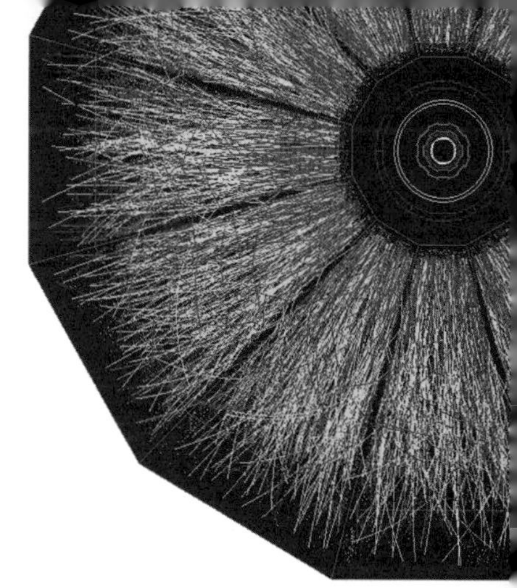

UNIVERSE

궁극의 자연법칙은 존재하는가?

뇌는 판도라의 상자일까?

BRAIN

인간은 누구나 자명등 하나씩 갖고 있다

인간의 뇌는 복제될 수 없는가

뇌가 스스로를 들여다볼 수 있을까

영원히 깨지 않는 것이 죽음이다

BRAIN 01

인간은 누구나 자명등 하나씩 갖고 있다

정재승

생체시계는 어찌 이렇게 정확할까?

What synchronizes an organism's circadian clocks?

우리는 어떻게 해가 뜨면 잠에서 깨고 해가 지면 잠에 들까? 태양이 없어도 우리 몸은 제때 잠들고 깰까? 오래전부터 사람들은 우리의 일주기 리듬을 관장하는 생체시계가 우리 몸의 어디에 있는지 찾으려 애써 왔다. 그리고 이제 뇌에 그 생체시계가 있다는 것까지는 밝혀냈다. 그럼에도 과연 서로 다른 주기를 가진 신경세포들은 어떻게 24시간에 맞춰질 수 있는지, 어떻게 하면 우리의 일주기 리듬을 살려 더욱 건강하고 자연스러운 삶을 살 수 있는지, 많은 과제가 남아 있다.

자명종, 인류 최악의 발명품

2000년 새해, 새로운 밀레니엄이 시작되면서 영국의 한 매체는 '지난 1000년 동안 인류가 내놓은 최악의 발명품' 리스트를 유명 학자들로부터 받았다. 그 최악의 발명품 리스트에는 세상에서 마땅히 사라져야 할 다양한 제품이 빼곡하게 들어차 있었는데, 비닐봉지라든가 총, 마약, 스팸메일 등이 포함돼 있었다. 누군가의 머릿속에서 착상돼 세상에 등장했고 널리 사용되었으나, 우리의 삶을 황폐하게 만든 제품들! 이 리스트 속에는 '인류의 어리석음'이 고스란히 담겨 있었다.

만약 시간생물학chronobiology을 연구하는 생물학자들에게 '인류 최악의 발명품'이 무엇이라 생각하느냐고 묻는다면, 그들은 1초의 머뭇거림도 없이 '자명종'이라고 답할 것이다. 현대인의 수면을 방해하고, 낮의 일상을 피곤하게 만든 발명품, 인간의 일주기 리듬circadian rhythm을 전혀 고려하지 않은 이 무자비한 발명품이야말로 침실에서 몰아내야 할 제품이라고 시간생물학 연구자들은 믿는다.

지금까지 이루어진 연구 결과에 따르면, 우리가 자고 깨는 리듬, 일주기 리듬을 관장하는 생체시계는 뇌에 있다고 하며 빛에 의해 영향을 받는다고 한다. 그런데 자명종은, 빛에 영향을 받고 수면과 각성을 조절하는 생체시계는 제대로 깨우지 않은 채, 소리로 대뇌 피질 cerebral cortex만 깨우기 때문에 사람의 일주기 리듬을 망가뜨리고 하루 종일 피곤하게 만들 수밖에 없다. 그런 의미에서 세상의 모든 자명종은 자명등으로 바뀌어야 한다!

이 리듬이 망가지면 판단도 흐려지고 업무의 실수도 잦아진다. 응급실에서 벌어지는 판단 실수의 많은 경우가 의사와 간호사의 일주기 리듬이 망가졌기 때문이며, 인도의 보팔 화학 공장 사고, 옛 소련의 체르노빌과 미국 스리마일 섬의 원자력 발전소 사고는 모두 밤 12시부터 새벽 4시, 일주기 리듬을 거슬렀던 직원들의 판단 착오로 벌어진 대형 사고였다. 이렇듯 '깨어 있는 삶의 질을 결정한다.'는 점에서 생체시계의 특징을 정확히 이해하는 일은 무엇보다 중요하다.

미국의 과학저널 《사이언스》가 '인류가 아직 풀지 못했으나 꼭 풀어야 할 가장 중요한 난제 125개' 가운데 하나로 생체시계를 꼽은 것은 너무도 당연한 결정이었다. 충분한 수면 후에 내린 '한낮의 결정'임에 틀림없다! 그런데 독특한 것은 질문 안에 들어 있는 동기화 synchronization, 즉 주기적 운동을 하는 진자들의 위상이 서로 일치하는 현상이다. 생체시계에서 동기화가 왜 중요한 과학적 문제일까? 무엇이 서로 동기화돼 있다는 얘기일까? 우선 이 질문의 의미를 파악하는 것이 좋은 답을 내는 것만큼이나 중요하다.

생체시계는 어디에 있는가?

때가 되면 배가 고프고, 특별한 경우가 아니면 때가 되면 잠이 쏟아지고 잠에서 깨는 경험을 누구나 하듯이, 우리 몸에 '시간을 측정하는 시계 같은 기관' 즉 생체시계가 있다는 사실은 오래전부터 경험적으로 알려져 왔다. 이런 현상은 행동 수준에서만이 아니라, 각 신체 기관의 생리적 운동 수준에서도 관찰된다. 하루의 시간 변화에 따라 호르몬 분비량도 달라지고 체온도 정해진 변화를 겪는다. 그런데 우리 몸의 신체 기관들이 들여다보는 이 생체시계는 과연 우리 몸의 어디에 있는 것일까? 그 위치를 찾기 위해 과학자들은 지난 100여 년간 많은 노력을 해 왔다.

모든 신체 기관이 주기적인 운동을 하니 그 자체로 시계일 수도 있다. 하지만 대부분은 생체시계를 따라 움직이는 것일 뿐이다. 이렇게 생체의 일주기 운동을 관장하는 생체시계를 중앙 통제 시계master clock라고도 한다. 이에 반해, 모든 신체 기관은 이 주인 시계에 맞춰 생리적 변화를 일으킨다는 점에서 부수적인 시계slave clock인 셈이다. 이 주인 시계를 찾는 가장 좋은 방법은 신체 기관의 각 영역을 하나씩 망가뜨려 보면서, 그래도 일주기 운동이 살아남아 있는지를 관찰하는 것일 테다.

그래서 결국 찾은 곳이 바로 뇌에 있는 시교차상 핵suprachiasmatic nucleus이다. 빛이 눈으로 들어온 뒤 가게 되는 뇌의 좌우 신경이 교차

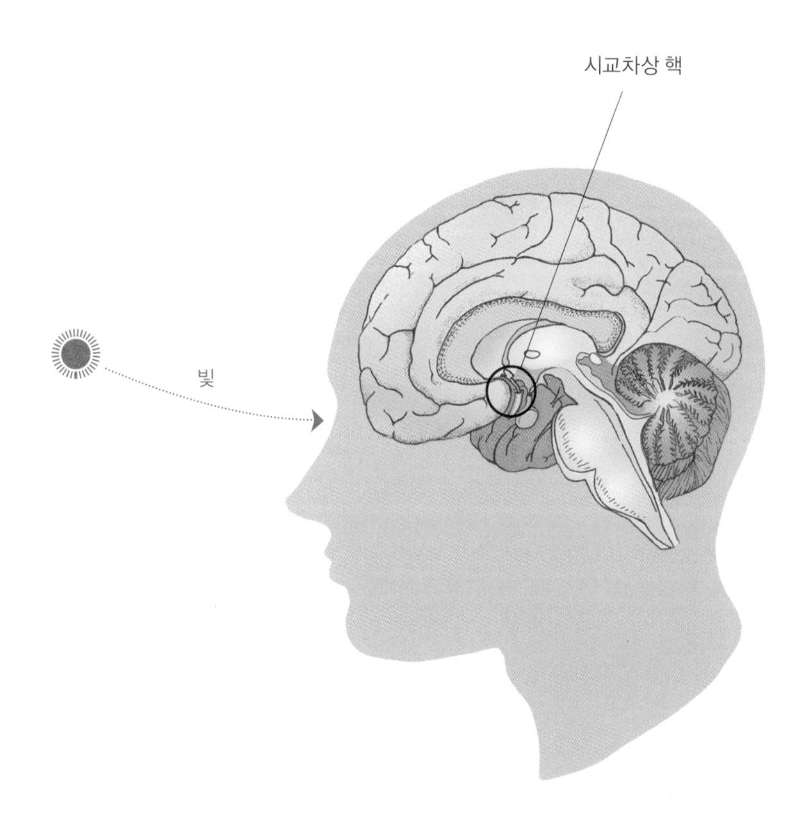

시교차상 핵 suprachiasmatic nucleus

오랫동안 과학자들은 우리 몸의 생체시계가 어디에 있는지, 뇌에 있다면 어느 부위에 있는지를 찾았다. 그리고 우리 몸의 생체시계가 빛의 영향을 받는다는 사실에 주목한 과학자들은, 빛이 눈으로 들어온 뒤 가게 되는 뇌의 좌우 신경이 교차하는 곳, 즉 시교차 위에 있는 시교차상 핵을 가장 그럴 듯한 생체시계 후보로 간주해 왔다.

하는 곳, 즉 시교차 위에 있어 시교차상 핵이라 불리는 곳인데, 생체시계가 빛의 영향을 받다 보니 오랫동안 가장 그럴 듯한 생체시계 후보로 간주됐다.

시교차상 핵은 2만여 개의 신경세포로 구성돼 있다. 살아 있는 쥐의 시교차상 핵에 전극을 꽂아 신경세포들의 전기 신호local field potential를 측정해 보면, 24시간을 주기로 사인sine 파에 아주 가까운 파형을 그린다. 그리고 바로 이곳을 망가뜨리면 체내 대부분의 기관이 보이던 24시간 주기적 양상이 사라진다. 시교차상 핵이 바로 진정한 의미의 중앙 통제 시계인 것이다!

그런데 흥미로운 사실은 시교차상 핵의 신경세포를 모두 꺼내 적절한 체액과 영양분을 공급해 접시 위에서 키우면서 이들의 일주기 리듬을 측정해 봤을 때, 시교차상 핵의 2만여 개 신경세포들에서 서로 다른 주기가 측정된다는 사실이다. 그 범위는 20시간에서 28시간 사이. 그런데 놀랍게도 이렇게 서로 다른 주기의 신경세포가 체내에서 활동할 때에는 정확히 24시간에 맞춰 리듬을 만들어 낸다.

시교차상 핵이라는 생체시계 내의 신경세포들은 서로 다른 주기의 리듬을 가지고 있으면서 어떻게 체내에서 24시간이라는 동기화된 리듬을 만들어 낼 수 있을까? 이것이 바로 《사이언스》가 꼽은 '인류가 아직 풀지 못했으나 꼭 풀어야 할 가장 중요한 난제' 가운데 하나인 것이다.

동기화는 왜 중요한가?

지금으로부터 400여 년 전, 네덜란드의 물리학자 크리스티앙 호이겐스는 서로 다른 주기적 운동을 하는 두 개의 진자는 둘 사이를 매개해 주는 매개 물질mediator이 존재한다면 주기와 위상이 같아지는 동기화 현상이 벌어질 수 있음을 처음 관찰했다. 벽에 걸린 진자형 추시계들이 처음에는 다른 위상으로 움직이다가 결국 같은 위상을 갖게 되는 현상, 인도네시아 맹그로브 숲의 반딧불이 떼가 순식간에 같은 박자로 깜빡이는 현상, 가을밤에 귀뚜라미들이 같은 박자로 합창하는 현상, 같은 기숙사 방을 사용하는 여학생들의 생리 주기가 일치하는 현상 등이 그 예이다. 그러한 일이 시교차상 핵 신경세포들 사이에서도 일어나는데 그 메커니즘이 무엇인가 하는 것이 《사이언스》의 물음인 것이다.

이처럼 시교차상 핵 신경세포들 사이의 동기화 현상의 메커니즘을 이해하는 것은 시간생물학을 연구하는 과학자들 사이에서 최대 이슈이다. 아마도 시교차상 핵에서 매개 물질은 신경 전달 물질인 가바GABA, gamma-aminobutyric acid일 텐데, 흥미로운 것은 가바가 억제성inhibitory 신경 전달 물질이라는 사실이다. 하지만 억제성 매개 물질이 어떻게 동기화 현상을 만드는지는 전혀 밝혀지지 않아 과학자들도 난감한 형국이다. 그런데 최근의 연구 결과에 따르면 가바가 시간에 따라 흥분성excitatory 역할을 할 수 있다는 보고도 나와 이 문제를 더욱 미궁 자명종은 깨어 있는 삶을 파괴하는가?

도대체 생체시계는 어디에 있는 걸까?

서로 다른 주기를 가진 신경세포들은
어떻게 24시간에 맞춰질까?

태양이 없어도 우리 몸은 제때 잠들고 깰까?

시계는 자연이 만든 발명품일까?

에 빠뜨리고 있다. 한 신경 전달 물질이 같은 영역에서 시간에 따라 흥분성과 억제성을 모두 가지는 현상은 뇌 속 어느 곳에서도 관찰된 바가 없어 신경과학자들의 이목이 더욱 집중되고 있다.

그렇다면 이 현상을 이해하는 것이 과학자들에게는 어떤 의미일까? 생체시계의 작동 원리와 특히 신경세포 간의 동기화 메커니즘을 이해하는 일이 왜 중요한 것일까?

우선 물리학자들에게 이 문제는 '동기화 현상을 이해하는 중요한 실마리를 제공해 줄 수 있다.'는 점에서 흥미롭다. 반딧불이나 귀뚜라미처럼 개체 수준이 아니라, 한 신체 기관 내에서 벌어지는 동기화 현상은 우리가 실험적으로 조작하기 용이해서 동기화 메커니즘을 제대로 밝히는 데 중요한 기여를 할 것으로 여겨진다. 사실 우리는 어떤 상황에서 동기화가 일어나는지, 그 필요충분조건을 아직 잘 모르고 있다. 서로 다른 주기와 위상의 진자 운동이 순식간에 동기화가 되는 현상을 설명할 수 있다면, 자연이라는 복잡적응계를 이해하는 중요한 단서를 제공할 것이다.

시간생물학적으로도 이 문제는 매우 흥미롭다. 지금 다수의 시간생물학자는 24시간 일주기 리듬을 조절하는 유전자를 찾는 데 혈안이 돼 있지만, 설령 그들이 시간 유전자들을 찾는다고 해도 서로 주기가 다른 리듬이 어떻게 동기화되는지는 유전자만으로는 설명할 수 없기 때문에, 시교차상 핵의 핵심 기저를 이해하기 위해서는 이 동기화 현상을 잘 이해해야만 한다. 실제로 시교차상 핵의 체내 일주기를 정교하게 측정하면, 그 값이 약 24.3시간 정도이다. 그런데 24시간 주기로 뜨고 지는 태양빛이 있으면 이 생체시계는 정확하게 태양의 주기에 맞춰 24시간 주기를 보인다. 이 현상을 외부 동기화 현상external synchronization or entrainment이라고 하는데, 어떻게 외부 자극인 태양빛 변화에 의해 생체시계의 주기가 일치하는지 역시 아직 과학자들이 풀지 못한 난제 가운데 하나이다.

하나의 세포를 수십 분 동안 관찰해 보면 그들이 만들어 내는 활동 전위 양상spike trains of action potential은 매우 복잡하다. 그런데 어떻게 완전히 다른 시간 스케일인 일day 단위로 보면 24시간이라는 주기를 정교하게 가질 수 있을까? 시간 유전자들은 어떻게 작동해 하나의 일주기 리듬을 세포 내에서 발생하게 하며, 이것은 신경세포들 사이에서 어떻게 서로 영향을 미칠까? 수면과 각성을 관장하는 송과선은 멜라토닌을 통해 어떻게 시교차상 핵에 영향을 미칠까? 이 역시 쉽게 설명할 수 없는 문제이다. 이 모든 현상을 관장하는 중앙 통제 시스템이 존재하는 것인지, 아니면 스스로 알아서 이 리듬을 만들어 내는 것인지, 과학자들은 궁금해서 미칠 지경이다.

시간과 행복하게 사는 법

수면을 연구하는 의사들은 생체시계의 동기화에 각별한 관심을 갖고 연구한다. 생체시계의 손상이나 비정상적인 작동은 한 인간의 삶을 송두리째 망가뜨릴 수 있기 때문이다. 일례로, 수십만 명이 고통받는 것으로 추정되는 지연성 수면위상 불면증delayed sleep phase insomnia 환자들은 오전 4시에서 낮 12시까지 잠을 잔다. 이 환자들은 오전에 깨어 있어야 하는 직업은 가질 수 없다. 1999년에 발견된 희귀 질환인 선행 수면위상 가족 증후군familial advanced sleep phase syndrome 환자들처럼 오후 7시 30분쯤 잠이 들어서 오전 4시 30분이면 저절로 깨는 이 극단적 아침형 인간들의 질병 원인을 찾아 치료하는 일 또한 생체시계의 메커니즘과 관련이 깊다.

최근 연구 결과, 선행 수면위상 가족 증후군 환자들은 정상인보다 한 시간 정도 빠른 주기로 움직인다는 사실이 새롭게 드러났다. 이는 시계 기능을 담당하는 유전자에 돌연변이가 일어났다는 것을 시사한다. 유타 대학교 루이스 프라섹 팀은 이 돌연변이를 추적해 hPer2라는 단일 유전자가 이 시간 유전자 가운데 하나임을 밝혀냈으며, 이 유전자의 돌연변이가 선행 수면위상 가족 증후군의 원인일 수 있음을 알아냈다. 이 유전자가 만드는 단백질이 분자 수준의 되먹임 고리feedback loop(이것이 개별 신경세포의 일주기 운동을 일으킨다.)에서 핵심적인 역할을 하는 것으로 추론되고 있다. 이런 식의 유전자적 연구가 어떻게 생리적인 변화를 일으켜 질병을 만들어 내는가를 이해하기 위해서는 생체시계의 메커니즘을 빨리 파악하는 것이 무엇보다 절실하다.

진화적 차원에서 보자면, 인간을 포함해 동물들은 왜 일주기 리듬을 갖게 됐을까? 그것이 생존에 더 도움이 됐기 때문일까? 아침형 인간과 저녁형 인간으로 나뉘는 이유는 무엇일까? 무엇이 그것을 결정할까? 그것은 타고난 것일까, 습관과 노력으로 변형 가능한 것일까? 좀 더 거시적으로 보자면, 시계라는 개념은 인간이 편의상 만든 개념이 아니라, 자연이 만든 발명품일까? 시간이란 실제로 존재하는 물리량일까, 그저 운동만이 이 우주에 존재할 뿐이며 시간이란 물체의 운동을 관통하는 가상의 개념일 뿐일까? 신경세포 간의 동기화 현상은 시교차상 핵이라는 생체시계를 둘러싼 이 모든 질문에 근사한 해답을 얻는 데 우리에게 중요한 실마리를 제공할 것이다.

인간은 자연이 선물해 준 자명등을 하나씩 뇌 속에 가지고 있다. 뇌 속의 이 자명등이 우리로 하여금 태양으로 관장되는 시간의 흐름을 몸으로 느끼고 때에 맞는 행동 양식을 갖게 하고, 우주와 자연이 만들어 내는 빛의 조화와 운동의 흐름 속에 인간의 삶을 녹아들게 하는 것이다. 이 평범한 진리를 실천하기 참 어려운 시간을 복잡한 도시의 현대인들은 관통하고 있다. 생체시계의 동기화 현상을 파악하는 수준을 넘어, 불야성의 도시를 살아가는 현대인들이 이 시계와 행복하게 공존하는 법을 배우는 것이 인류가 풀어야 할 가장 중요한 난제일 것이다.

ALARM
PM

BRAIN 02

인간의 뇌는 복제될 수 없는가

강봉균

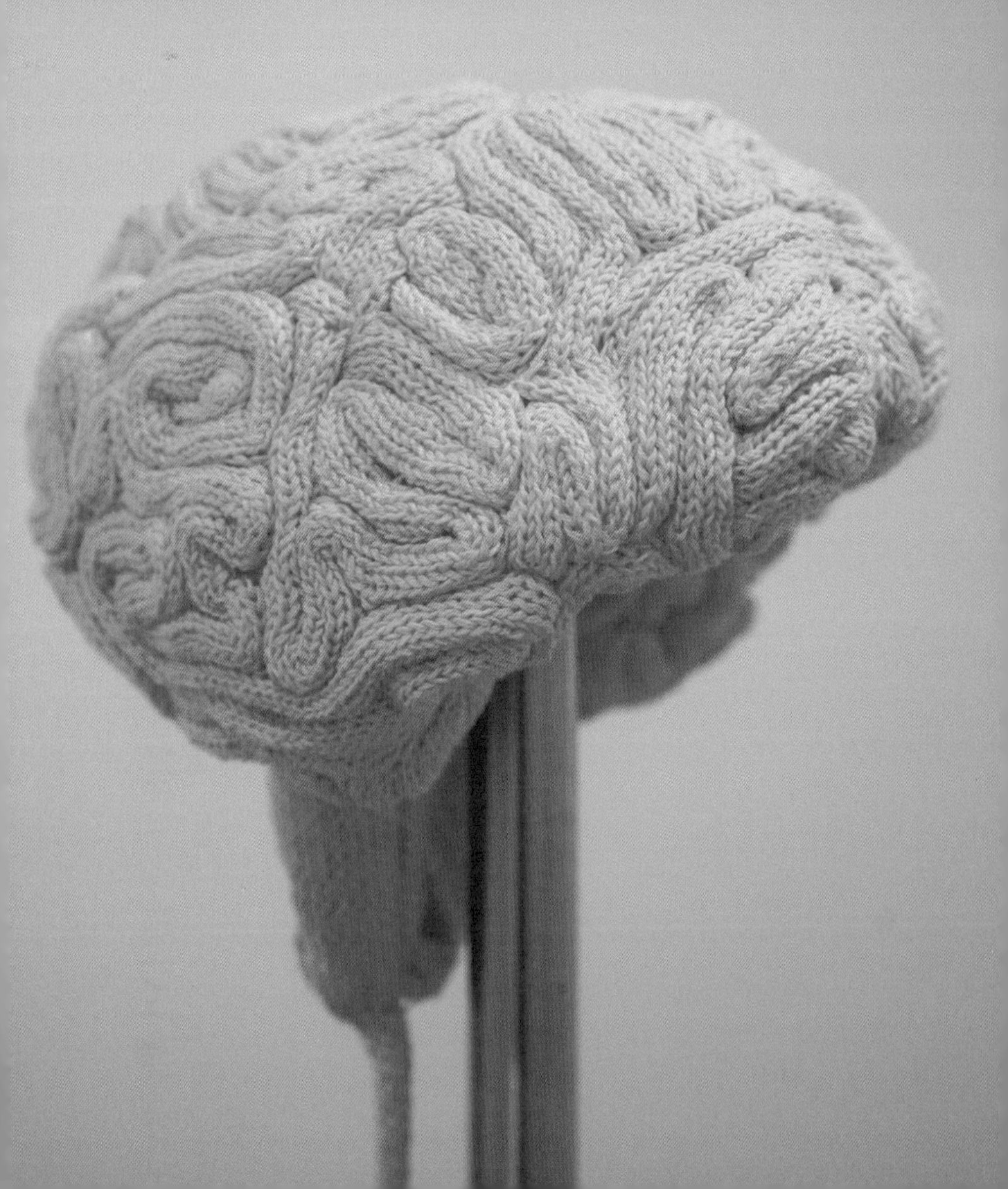

어떻게 기억을 저장하고 불러내는가?

How are memories stored and retrieved?

우리는 일상에서 들은 소리, 이미지, 냄새 등을 어떻게 기억하게 되는 것일까? 뇌에는 기억을 담당하는 특정한 영역이 따루 있을까? 이제 21세기의 가장 각광받는 과학 분야인 뇌과학은 동물 실험과 인간 뇌에 대한 컴퓨터 이미징 기술의 발전 덕분에 기억과 관련된 뇌 영역의 위치와 여러 형태의 기억에 대한 실질적인 지식을 갖게 되었다. 하지만 그야말로 시작일 뿐 그 세세한 메커니즘에 대해서는 거의 아는 것이 없다고 할 수 있을 정도로, 아직 갈 길이 먼 것은 사실이다.

나는 누구인가?

어느 날 갑자기 기억이 없어진다면 어떤 일이 일어날까? 같이 살고 있는 부모나 형제자매도 몰라볼 테고, 하루 일과가 끝나도 집을 못 찾을 테니 아마 일상생활 자체를 유지하기가 힘들어질 것이다. 이러한 실질적인 생활의 어려움도 문제이지만, 무엇보다 자신을 잃어버리게 된다는 점이 가장 큰 문제일 것이다. 즉, 기억이 없어지면 내가 누구인지 모르게 될 테니 말이다. 심각한 기억 장애를 일으키는 치매도 그 한 예이다.

치매 같은 극단적인 경우가 아니더라도 대부분 사람은 순간적인 기억 장애 또는 경미한 기억 손상을 경험한다. 예를 들어, 시험 볼 때 어떤 단어가 생각나지 않아 애를 태워 본 경험을 누구나 한두 번쯤은 갖고 있다. 분명 머릿속에 들어 있는데 왜 생각이 안 나는지 때로 화가 나기도 한다.

아내가 살해되던 날의 충격으로 10분 이상 기억을 지속하지 못하는 기억상실증에 걸린 사람의 이야기인 〈메멘토〉라는 영화를 보면, 주인공 레너드는 항상 카메라를 들고 다니며 사진을 찍어 중요한 사실을 기록으로 남기려고 한다. 심지어 찾아낸 정보를 자기 몸에 문신을 하면서까지 기록한다. 10분이 지나면 기억이 사라지기 때문이다. 이렇듯 기억은 인간을 더욱 인간답게 해 주는 중요한 이유이다. 어느 한 집단의 문화유산도 기억에 의해 이어졌으며, 어느 한 개인의 정체성도 '나는 누구인가?'를 알게 해 주는, 기억하는 능력 때문에 유지된다.

기억의 시작은 뉴런이다

한 인간이 저장할 수 있는 기억의 용량은 거의 무한하다고 볼 수 있다. 이 엄청난 양의 기억이 저장되는 장소는 놀랍게도 무게가 1.5킬로그램도 안 되는 뇌이다. 그런데 몸무게의 2~3퍼센트에 불과한 이 뇌가 쓰는 에너지는 인체가 사용하는 총 에너지의 50퍼센트 이상이다. 이런 놀라운 에너지 소모량은 생명체를 유지하는 데 뇌가 얼마나 중요한 역할을 하는지 짐작하게 해 준다.

뇌에는 뉴런neuron이라는 신경세포가 약 1000억 개 들어 있고, 뉴런은 대부분 뇌의 껍질 부위, 즉 피질에 몰려 있으면서 여러 층을 형성한다. 그 가운데 뇌의 정보 처리 기능은 회백질의 신경세포 층에서 일어난다. 이 뉴런은 어떻게 정보를 저장하고, 다시 불러낼 수 있을까? 우선, 다른 세포와는 달리 조금 복잡한 구조를 갖고 있는 뉴런에 대해 좀 더 자세하게 살펴보자.

크게 보면, 뉴런은 유전 정보가 담긴 핵이 있는 세포체와 여기서 복잡하게 뻗어 나온 돌기로 이루어져 있다. 그런데 뇌는 우리가 눈과 귀 같은 감각기관을 통해 보고 들은 이미지, 소리 그 자체를 저장하고 불러내는 것일까? 아니다! 뇌가 저장하고 불러내는 정보는 바로 그러한 자극이 만들어 낸 활동 전위라는 전기 신호이다. 소리의 떨림을 전기 신호로 바꿔 저장하는 녹음기와 같은 원리이다. 세포체에서 뻗어 나온 돌기가 이 전기 신호를 전달하는 전선과 같은 역할을 한다.

당연히 하나의 뉴런과 다른 뉴런이 서로 연결돼 있지 않으면 아무런 소용이 없다. 하나의 뉴런은 신호를 받아들이는 수상 돌기와 그 신호를 다른 뉴런에게 전달하는 기다란 축삭 돌기를 갖고 있는데, 어떤 뉴런의 축삭 돌기가 신호를 전달해 주면 다른 뉴런의 수상 돌기가 신호를 받음으로써 정보는 전달된다.

이렇게 두 뉴런을 연결해 주는 구조를 시냅스라고 하는데, 하나의 뉴런은 수만 개의 다른 뉴런과 시냅스를 형성하고 있다. 뇌는 1000조 개에 이르는 시냅스로 이루어진 엄청나게 복잡한 회로라고 할 수 있다! 이렇듯 뇌에는 뉴런의 연결 방식에 따라 천문학적인 수의 신경 회로망이 있다. 생각하고, 느끼며, 기억하고, 몸을 움직이게 하고…… 뇌에서 일어나는 모든 현상은 뇌에서 어떤 신경 회로망이 전기적으로 활동하느냐에 따라 정해진다.

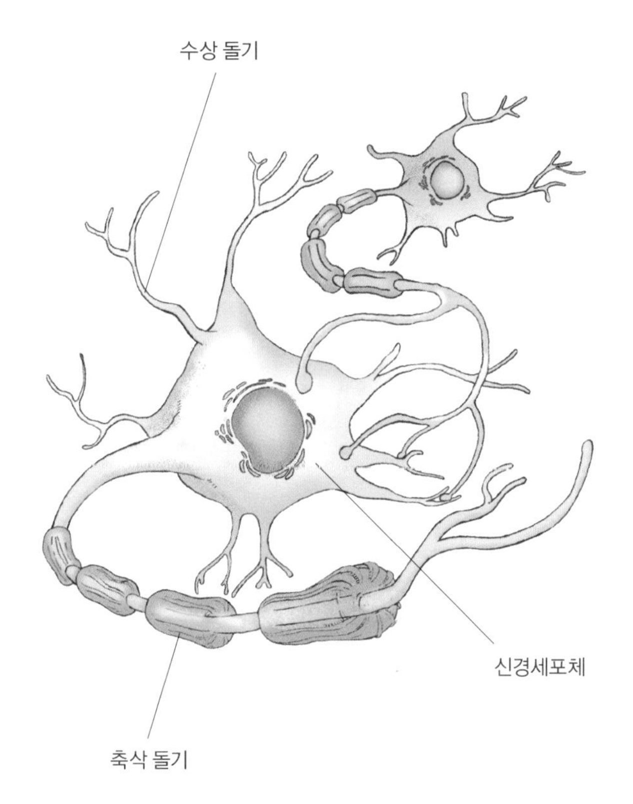

시냅스 synapse

핵이 있는 세포체와 신호를 받는 수상 돌기, 그 신호를 다른 뉴런에게 전달해 주는 축삭 돌기로 이루어진 뉴런은 우리 뇌에만 1000억 개 정도 있다. 이렇게 두 뉴런을 연결해 주는 구조인 시냅스가 뇌에는 1000조 개 가까이 있다. 이 시냅스의 구조와 기능은 사람마다 조금씩 다 다르기 때문에 사람의 기억은 복제될 수 없는 것일지도 모른다.

사람마다 다른 기억

시냅스의 양이나 위치 등은 정상적인 사람끼리도 조금씩 다르다. 이 차이는 유전에 의한 선천적인 영향보다는 학습에 의한 후천적인 영향을 더 많이 받는다고 알려져 있다. 이 시냅스의 메커니즘을 밝히기 위해 그동안 많은 학자가 다양한 동물 연구를 시도했다. 이에 과학자들은 학습과 환경에 따라 시냅스의 형태가 늘 변한다는 사실을 발견하고, 이러한 성질을 '신경 가소성'이라고 했다.

시냅스를 많이 사용할수록 시냅스의 기능이 좋아지는 현상인 장기 강화LTP, Long-Term Potentiation 현상도 발견하였다. 결국 새로운 정보가 우리 뇌로 입력되면 신경 회로망이 활동하고 이에 따라 시냅스의 능력이 변하므로, 우리의 뇌는 수시로 변하고 있다는 이야기이다. 또한 어떤 시냅스를 선택하느냐에 따라 신경 회로망의 활동은 결정되므로, 결국 시냅스의 구조와 기능은 사람마다 조금씩 다를 수밖에 없다. 같은 정보를 가지고도 사람마다 조금씩 다른 기억을 갖고 있는 것은 바로 이러한 이유 때문이다.

이러한 뇌과학의 연구 결과는 "인간의 정체성은 무엇인가?"라는 물음에 새롭게 다가갈 수 있는 길을 열어 주었다. 예를 들어, 뇌과학자에게 "인간을 복제할 수 있는가?"라고 질문한다면, 아마 대부분 "아니요!"라고 답할 것이다. 인간을 인간답게 만드는 핵심은 인격에 있고 이는 뇌의 활동에서 나오는데, 이러한 뇌의 활동은 사람마다 다 다르기 때문이다. 인간은 개인마다 독특한 환경에서 자라면서 다양한 정보를 뇌에 저장하고, 뇌의 신경 회로망은 개인마다 다 다를 수밖에 없다. 이러한 뇌 구조의 작은 차이는 개인의 독특한 개성으로 표현된다. 이렇듯 유전자를 복제한다고 해서 뇌의 회로를 복제할 수는 없으므로, 인간 복제는 불가능할 수밖에 없다는 것이다.

서술 기억이 저장되는 곳

한 사람의 기억이라도 그 정보가 어떤 성질이냐에 따라 뇌에 저장되는 방식은 달라진다. 우리가 기억하는 내용은 크게 서술 정보와 비서술 정보로 나누어 볼 수 있다. 서술 정보란 말로 표현할 수 있는 정보이다. 즉, 학교 공부, 영화 줄거리, 장소나 위치, 사람 얼굴처럼 누군가에게 전달할 수 있는 정보로, 외현 정보라고도 한다. 반면, 비서술 정보는 말로 표현할 수 없는 정보이다. 몸으로 체득하는 운동 기술, 습관, 버릇, 반사적 행동 등처럼 누군가에게 전달하기 힘든 정보로, 감춰져 있다는 의미에서 암묵 정보라고도 한다.

서술 정보는 비교적 쉽게 얻어지지만 의식이 있는 상태에서만 기억과 회상이 가능하며 회상할 때는 가끔 기억 내용이 변형되기도 한다. 이에 비해 비서술 정보는 대부분 고되고 반복적인 훈련을 통해 얻어지지만 기억 내용이 정확하게 표현되며 기억할 때 의식을 필요로 하지 않는다. 농구에서 경기의 규칙이나 전술은 서술 정보이고, 몸에 밴

선수의 운동 기술은 비서술 정보라고 하면 쉽게 구분이 된다.

다음 사례는 두 가지 기억의 특징을 잘 보여 준다. 어린 시절 사고로 뇌가 손상된 뒤 심한 간질을 앓다 뇌의 양쪽 측면인 내측두엽을 절개하는 수술을 받은 사람이 있었다. 수술 뒤 그의 지능 지수는 수술 전과 큰 차이가 없었다. 그러나 영화 〈메멘토〉의 주인공처럼 금방 보거나 들은 내용을 몇 분 이상은 기억하지 못했다. 결국 새로 이사 간 집을 찾지 못하고 수술 전 옛집만을 기억했다. 한편, 수술 뒤 배우게 된 탁구 실력은 제법 향상됐다. 비록 언제 어떻게 누가 가르쳐 주었는지, 심지어 자기가 배운 적이 있는지조차 전혀 기억하지 못했으나 탁구를 잘 쳤다.

이를 다르게 이야기해 보면, 운동 기술 같은 비서술 기억은 유지되었으나 이사 간 집 주소 같은 서술 기억은 오래 유지할 수 없었던 것이다. 이 환자의 뇌에서 절개한 내측두엽은 해마와 그 주변 조직들이 포함돼 있는 곳이다. 어떤 이는 교통사고를 당해 해마 부위가 손상되었는데 그로 인해 서술 기억 능력이 심각히 손상되었다.

이러한 사례들을 종합해 보면, 해마는 서술 기억을 처리하는 데 중요한 기능을 하는 곳임을 알 수 있다. 반면, 수술 뒤에도 잊어버리지 않은 옛집의 위치나 탁구 기술 같은 기억은 해마가 아닌 다른 곳에 저장되리라 추측해 볼 수 있다.

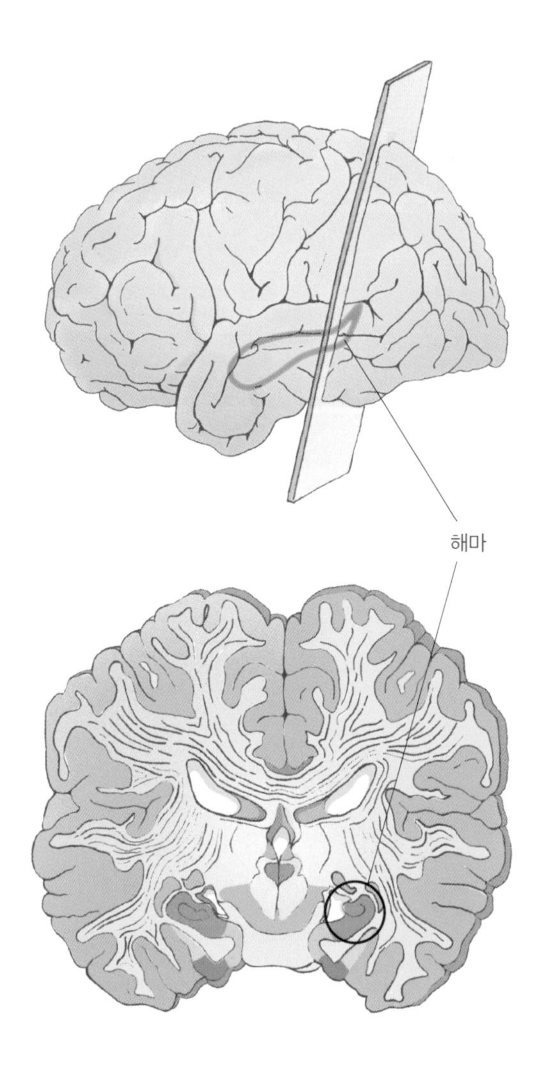

해마 Hippocampus

운동 규칙처럼 비교적 쉽게 습득되며 변형이 되기도 하는 서술 기억은 해마와 그 주변 조직들이 포함돼 있는 내측두엽으로 들어와 몇 주 정도 일시적으로 머물게 되고, 그동안 쪼개져 신경 정보 신호로 바뀌고 어떻게 나뉘어 저장될지 결정된 뒤, 그 가운데 오랫동안 기억할 내용은 바로 대뇌 피질의 여러 부분으로 보내져 저장된다.

장기 기억이 저장되는 곳

그렇다면 오랫동안 기억할 내용이 저장되는 곳은 어디일까? 바로 대뇌 피질이다. 내측두엽으로 들어온 서술 정보는 해마와 그 주변 조직들에 몇 주 정도 일시적으로 머물게 되고, 그동안 쪼개져 신경 정보 신호로 바뀌고 어떻게 나뉘어 저장될지 결정된다. 이렇게 오랫동안 기억될 수 있도록 서술 정보를 조직화하는 과정을 부호화 단계라고 한다. 예를 들어, 좀 더 집중해서 의욕적으로 공부를 했을 때 잘 까먹지 않는 이유는 바로 이 부호화 단계가 수월하게 되어, 학습한 내용을 오랫동안 기억하기 때문이다. 또한, 새로 들어온 정보가 기존에 저장된 정보와 유사한 경우에도, 두 정보가 쉽게 연결되므로 부호화가 더 잘 일어난다.

이렇게 부호화 단계가 끝나면, 그 가운데 오랫동안 기억할 내용은 바로 대뇌 피질의 여러 부분으로 보내져 저장된다. 그 자세한 과정은 아직까지 밝혀지지 않았고, 내측두엽은 뇌에 넓게 퍼져 있는 대뇌 피질과 신경망을 통해 연결돼 있어서 정보가 전달된다는 정도만 알려져 있다.

그래도 대뇌 피질에 장기 기억이 저장되는 방식과 관련해 몇 가지 밝혀진 사실은 있다. 먼저, 대뇌 피질에 전해진 정보는 같은 범주로 분류되는 내용끼리는 같은 영역에 저장된다. 예를 들어, 동물에 대한 정보와 무생물에 대한 정보가 저장되는 장소가 다르며, 언어 정보에서 동사와 명사가 저장되는 장소가 다르다. 또한, 다음 단계에서는 기억과 관련된 유전자가 발현돼 단백질이 만들어진다. 이 단백질 덕분에 기억 내용이 공고해지고 오랫동안 저장된 상태를 유지한다는 것이다. 장기 기억은 거의 무제한으로 뇌에 저장된다.

기억과 관련하여 한 가지 재미있는 학설이 있다. 잠과 기억이 관계있다는 학설이다. 우리는 보통 피로에 지친 뇌를 휴식시켜 다음 날을 준비하기 위해서 반드시 잠을 자야 한다고 이야기한다. 그런데 실제로 이 학설에 따르면 우리가 잠을 자는 동안 정보가 분산되어 저장되는 과정이 활발히 일어난다. 결국, 우리가 잠을 자지 않으면 안 되는 이유는, 낮 동안 받아들인 방대한 정보를 정리하며 저장하기 위한 과정이 자는 동안 일어나기 때문일지도 모른다. 그리고 당연히 잠을 잘못 자면 기억이 제대로 저장되지 못한다.

작동 기억과 의식 밖의 기억

기억의 종류에 따라 그 양 또한 차이가 난다. 장기 기억은 무제한으로 뇌에 저장될 수 있는 데 반해, 대화를 나누거나 어떤 일을 생각할 때 순간적으로 잠시 저장되는 내용들은 그 용량에 제한이 있어 곧바로 지워진다. 이런 기억을 작동 기억이라고 한다. 예를 들어, 114에 문의해 알아낸 전화번호는 전화를 걸기 전까지는 잊지 않지만 전화를 걸고 난 뒤에는 대부분 잊고 만다. 이때 일시적으로 기억할 수 있는 전화번호 숫자는 7자리 정도이며, 이처럼 짧은 기억을 담당하는 곳은 뇌의 전두엽이다. 7자리 전화번호 숫자 같은 작동 기억 정보가 들어오면 신경 전달 물질인 도파민 또는 글루탐산이 분비되고, 전두엽의 뉴런은 이 물질에 반응해 정보의 내용을 잠시 저장한다.

또한 기억은 의식과도 관계가 있다. 오래 기억되는 학습 내용이든, 잠깐 기억하고 잊어버리는 전화번호이든 의식이 깨어 있어야 회상이 된다. 하지만 의식이 필요하지 않은 기억도 있다. 앞에서 얘기했던 운동 기술에 익숙해지는 과정이나 계속적인 자극에 둔감해지는 습관화, 반대로 한번 자극을 받으면 그와 비슷한 자극에 계속 반응하는 민감화 같은 비서술 기억은 의식이 관여하지 않는다. 종소리만 들리면 침을 흘리도록 개를 훈련시켰던 파블로프Ivan Petrovich Pavlov의 실험 같은 조건화 학습도 마찬가지다. 종소리라는 청각 정보와 음식이라는 자극이 학습을 통해 서로 관계를 맺게 된 결과이다.

한편, 파블로프의 실험과는 조금 다른 보상을 매개로 한 학습 형태도 있다. 손다이크Edward Lee Thorndike라는 심리학자가 처음으로 시도한 실험으로, 실험 상자 속의 쥐가 페달을 밟을 때마다 음식이 나오도록 하였다. 처음에는 우연히 페달과 음식과의 관계를 알게 됐던 쥐는 결국 페달을 눌러 음식을 찾아 먹는 법을 배우게 된 것이다.

이러한 다양한 기억들은 어디에 저장될까? 조건화 학습은 서로 다른

QUESTIONS

뇌는 이미지나 소리 자체를 저장하고 불러내는 것일까?

훈련으로 기억력을 좋게 만들 수 있을까?

왜 같은 정보를 가지고도 저마다 조금씩 다른 기억을 가질까?

한번 들어온 정보는 영원히 뇌 속에 남을까?

뇌의 어느 곳에 기억이 저장되는 것일까?

강제로 기억을 바꾸거나 지울 수 있을까?

몇 가지 뇌 신경망이 연합되어 일어나는 것으로 추정되고 있다. 페달을 누르는 기술에 대한 기억은 선조체나 소뇌에, 습관화나 민감화 기억은 감각이나 운동 체계를 맡고 있는 신경망에 저장된다고 알려져 있고, 비서술 기억 가운데 감정이나 보상 작용, 공포와 관련된 기억은 편도체에 저장된다고 한다.

기억을 바꿀 수 있을까?

사람들은 보통 기억하는 만큼 쉽게 잊는다. 이것은 매우 정상적인 현상이다. 그러나 뇌졸중, 치매, 알코올 중독, 병원성 감염 및 물리적 충격 등으로 인한 뇌 조직 손상 같은 경우처럼 뇌의 이상으로 기억이 오래가지 못하는 경우는 문제라고 할 수 있다. 해마나 그 주변 조직이 손상되어 일어나는 기억상실증이기 때문이다.

흥미롭게도 옛날 기억보다 최근 기억이 손상되는 경우가 많다. 앞에서 이야기했듯이 기억 정보는 대뇌 피질에 오랫동안 보관되기 전 해마에 일시적으로 저장되는데, 뇌 손상은 주로 이렇게 일시적으로 저장된 기억에 대해 선택적으로 일어난다. 특히 일시적인 뇌경색이나 뇌가 어디에 부딪혀 뇌혈류가 일시적으로 멈췄을 때, 일시적인 기억 장애가 일어날 수 있다. 설사를 멈추게 하는 지사제 같은 약물을 복용했을 때 일시적 기억 장애가 일어났다는 보고도 있다. 일주일 동안 파리를 여행하던 한 학생이 마지막 날에 지사제를 먹고 비행기를 탔는데 집에 돌아와 보니 여행하는 동안 있었던 일들을 모두 잊어버렸다는 것이다. 그 밖에도 미생물체에서 분비하는 신경독 때문에 기억 상실증에 걸렸다는 보고도 있다.

잊지 않았으면 하는 기억을 잃어버려 괴로워하는 사람이 있는가 하면, 잊고 싶은 기억을 잊지 못해 고통 속에 사는 사람도 많다. 어떻게 하면 강제로라도 기억을 지울 수 있을까? 이런 사람들에게 반가운 연구 결과가 최근에 하나 나왔다. 앞에서 기억을 저장할 때 단백질 합성이 필요하다고 했는데, 저장된 기억을 회상했다가 다시 제자리에 저장할 때도 단백질 합성이 필요하다는 것이다. 만일 잊고 싶은 기억을 회상하는 순간 단백질 합성을 차단할 수 있다면 기억을 영영 지울 수 있다는 내용이다. 오래 저장된 기억도 약화될 수 있다는 것이다. 기억을 선택적으로 지우거나 보강하는 일이 먼 일이 아닐 듯싶다.

기억이 회상되는 과정을 완벽하게 알기 위해서는 아직도 많은 연구가 필요하다. 많은 과학자는, 기억을 회상할 때는 뇌 여기저기에 흩어져 저장돼 있는 정보들을 끄집어내 다시 짜 맞춰서 원래의 내용으로 복원한다고 이야기한다.

한 사건에 대해서 여러 사람의 기억이 엇갈리거나 기억이 가물가물한 경우를 자주 볼 수 있다. 정보들을 짜 맞추는 과정 어딘가에 오류가 있기 때문이다. 만일 이 기억 회상 과정을 완벽하게 밝혀낸다면, 오류의 지점도 쉽게 찾아낼 수 있을 것이다. 그렇다면 미궁에 빠진 사건에서 목격자의 증언이 얼마나 정확한지도 쉽게 알아낼 수 있고, 괴로운 병적 기억을 강제로 삭제해 버릴 수도 있을 것이다. 또한, 인지장애 및 치매로 고통받는 수많은 이들을 치료할 때도 기억 회상 과정에 대한 이해는 큰 도움을 줄 수 있을 것이다.

최근 서술 기억 저장에 중요한 일을 하는 해마에서 새로운 뉴런들이 만들어진다는 놀라운 발견이 이루어졌다. 왜 하필 해마에서 뉴런들이 만들어질까? 혹시 새로 만들어진 뉴런들이 새로운 기억 저장에 관여하는 것은 아닐까? 물론 앞으로 풀어야 할 숙제는 많지만, 해마와 뉴런 생성이 기억의 비밀을 풀 열쇠일지도 모른다.

BRAIN 03

뇌가 스스로를 들여다볼 수 있을까

강봉균

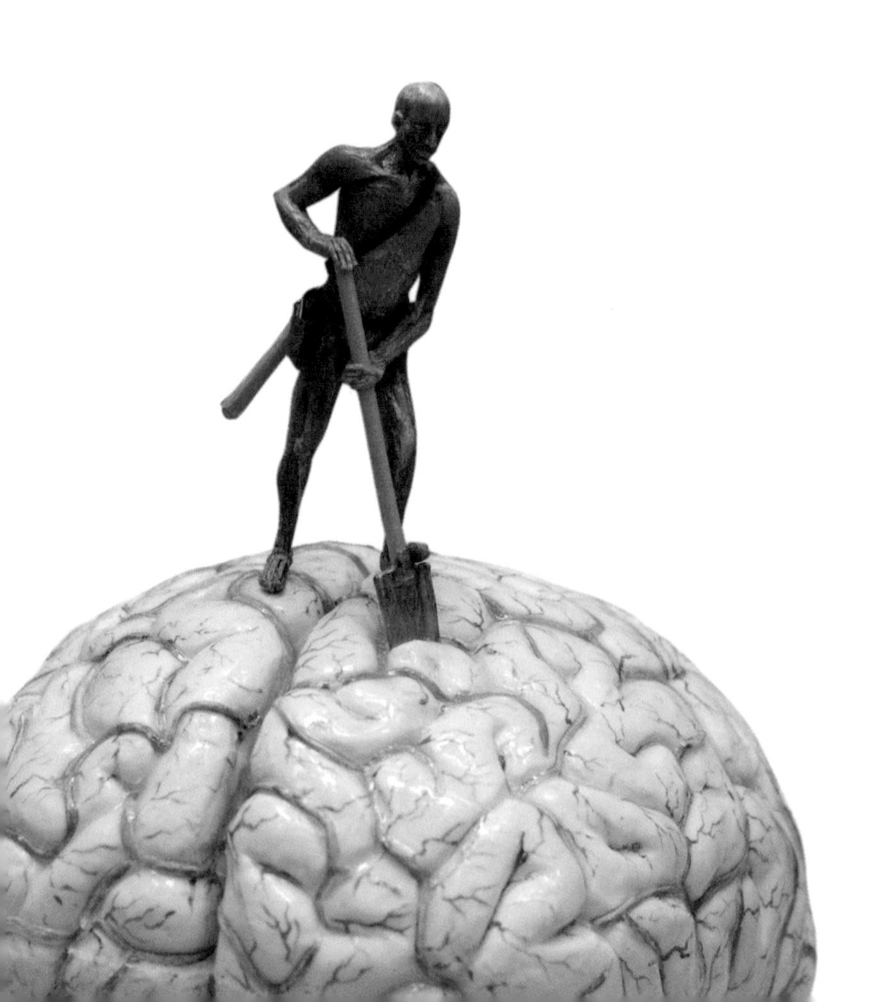

의식의 생물학적 토대는 무엇인가?

What is the biological basis of consciousness?

이제 우리는 의식이 마음에 있지 않다는 정도는 알고 있다. 하지만 의식이 뇌에서 만들어진다는 것은 어떻게 증명할 수 있을까? 뇌가 의식을 만들어 낸다고 했을 때, 그 뇌를 뇌가 연구한다는 근본적인 모순은 어떻게 해결할 수 있을까? 이 오래된 난제에 대해서 이론은 분분하고, 실질적인 자료는 부족하다. 그럼에도 불구하고 시각과 의식의 관계, 진화와 의식의 관계 등에 대해서 조금씩 자료가 쌓여 가고, 그 비밀에 조금씩 가까이 다가가고 있다.

스스로를 관찰하는 뇌

50억 년 전 지구가 생겨난 이래 기나긴 진화의 시간을 거쳐, 이제 인간은 지구 생태계를 지배할 뿐만 아니라 우주를 동경하는 존재가 되기에 이르렀다. 과학이라는 학문은 이렇게 끊임없이 탐구하는 인간의 특성이 낳은 산물이다. 또한 인간은 아마도 자연에서 유일하게, 자신이 누구인지 의식하고 고민하는 존재가 아닐까 한다.

"인간은 과연 어떤 존재인가?" 물론 철학, 신학, 문학, 과학, 그 어느 분야든 관심을 갖고 있고 다양하게 답할 수 있는 질문이다. 그 가운데 많은 과학자는 인간을 인간답게 만드는 결정적인 비밀이 뇌에 있다고 이야기한다. 뇌는 작은 우주라고도 불릴 정도로 상상을 뛰어넘는 복잡성을 지녔기 때문이다. 그리고 이 작은 우주에서는 의식이라는 놀랍고도 오묘한 일이 벌어진다.

혹시 거울을 통해 자신의 모습을 바라보면서 문득 거울 속에서 자기를 바라보고 있는 존재가 과연 누구인지 생각해 본 적 있는가? 이처럼 뇌가 스스로를 관찰한다는 생각이 들면 무언가 이상한 느낌이

들면서 오싹해지기도 한다. 기분이야 어떻든 부정할 수 없는 사실은, 분자가 뭉쳐 세포가 되고 세포가 모여 뇌와 신체를 만들었으며, 그 뇌는 분명히 나를 인식하고 있다는 것이다. 자아의식이 있기 때문에 가능한 일이다.

이러한 의식이 뇌에서 어떻게 생성되는지는 21세기 신경과학이 목표로 삼고 있는 최고의 연구과제 가운데 하나이다. 마음을 생물학적으로 이해하는 데 꼭 거쳐 가야 할 과정이기 때문이다. 그러나 의식이 갖고 있는 주관성이라는 특징 때문에 의식에 대한 연구는 어렵다. 과연 사람이 무엇을 느끼는지는 본인만이 알고 있을 뿐, 이를 객관화할 방법이 없기 때문이다. 이러한 이유 때문에 의식 자체를 부정하고, 객관적으로 파악할 수 있는 자극과 반응, 관계 등만을 다루는 행동주의 심리학 같은 학문이 나오기도 했다. 그러나 신경과학이 발전하면서 의식 과정에 문제가 있는 환자들에 대한 사례가 보고되자, 의식에 관여하는 뇌 영역들에 대한 연구도 점점 활발해지고 있다. 일단, 뇌 안을 잠시 들여다보자.

뇌의 기본 단위들

앞서 얘기했듯이 인간 뇌에는 정보 처리를 하는 약 1000억 개의 뉴런이 있고, 뉴런은 시냅스라는 구조를 통해 서로 연결된다. 이런 뉴런과 뉴런 사이의 연결 개수는 1000조라는 가히 천문학적 숫자이다. 뇌에는 이런 수많은 뉴런의 연결 방식에 따라 다양한 기능을 하는, 다양한 형태의 신경 회로망이 있다. 뇌에서 일어나는 모든 현상, 예를 들어, 인간이 존재하기 훨씬 전인 수십억 년 전에 일어난 우주의 탄생에 관한 어려운 물리 이론을 이해하거나, 교향곡을 들으며 감동에 빠지거나, 차를 운전하는 일에 이르기까지, 이 모든 현상은 뇌에서 어떤 신경 회로망이 활동하느냐에 따라 정해진다.

이러한 신경 회로망은 기능에 따라 특정한 영역에 몰려 있는 경우들이 발견되는데, 이를 모듈이라고 한다. 예를 들어, 후두엽에는 시각 정보를 처리하는 모듈들이 있고, 측두엽에는 청각 정보 처리 모듈들과 기억 저장에 관계하는 영역이 있으며, 두정엽에는 공간 인지 및 촉각 지각과 관련된 여러 모듈들이 있다. 뇌의 맨 앞에 있는 전두엽에는 계획, 계산, 비교, 판단처럼 차원 높은 사고 작용을 담당하는 모듈들이 있다.

그렇다면 의식은 뇌의 어느 영역에서 만들어질까? 의식을 만들어 내는 신경 회로망과 모듈들이 따로 있을까? 결론부터 말하자면, 의식을 일으키는 장소라고 추정되는 특정한 영역은 없다. 의식만을 위한 특정한 영역이 있다기보다는, 여러 영역에 존재하는 다양한 모듈이 어떠한 통합 과정을 거쳐 통일성 있는 자기 인식을 가져온다는 견해가 더 지지를 받고 있다. 지금까지 연구된 바로는, 의식이 뇌에서 구현되는 과정에서 전두엽이 중요하고, 그 외에도 뇌의 여러 영역이 관여하

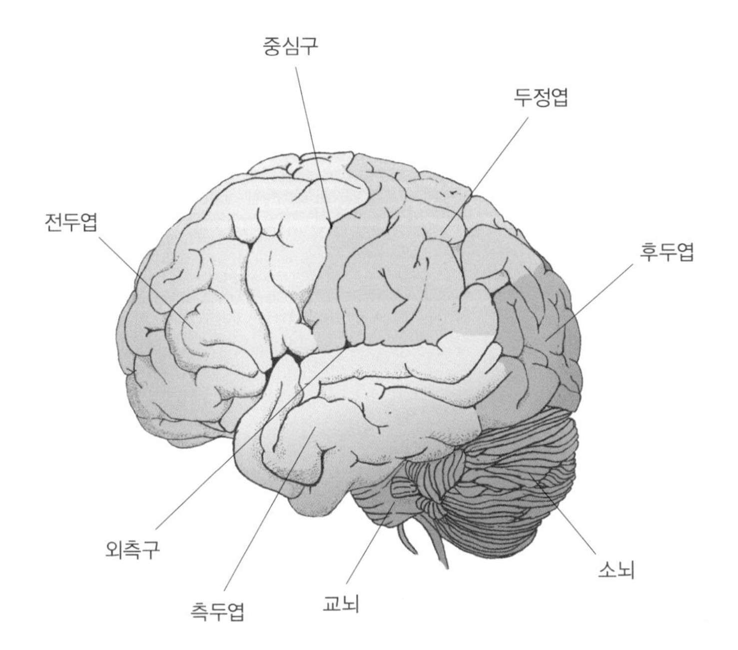

뇌의 모듈 module

뇌에는 뉴런의 연결 방식에 따라 다양한 기능을 하는 다양한 형태의 수많은 신경 회로망이 있고 기능에 따라 특정한 영역에 몰려 있는데, 이를 모듈이라고 한다. 대뇌 피질의 여러 모듈들이 협력하여 여러 정보들이 잘 혼합되어야 의식 대상에 대한 일정한 줄거리가 만들어진다. 또한, 의식 수준이 높아질수록 활동하는 신경 회로망의 규모는 커진다.

QUESTIONS

의식이 뇌에서 만들어진다는 것을 어떻게 증명할 수 있을까?

무의식도 뇌와 연관이 있을까?

사물을 바라보는 것과 의식은 어떠한 관계를 갖고 있을까?

종의 생존 가능성을 높이기 위해 의식이 생겨난 것일까?

다른 동물들도 의식을 갖고 있을까?

뇌의 문제를 뇌가 해결한다는 모순을 어떻게 해결해야 하나?

고 있다고 한다. 조금만 더 자세하게 알아보자.

의식은 어떻게 만들어질까?

의식이 만들어지기 위해서는 당연히 뇌가 깨어 있어야 한다. 즉, 맑은 정신 상태를 유지해야 한다는 뜻인데, 이를 위해서는 뇌간이 제대로 활동해야 한다. 뇌간이 다치면 혼수상태에 빠진 식물인간이 된다.

하지만 뇌간이 제대로 활동하고 깨어 있다고 해서 의식이 다 만들어졌다고 볼 수는 없다. 의식이 만들어지기 위해서는 현재의 상황을 실시간으로 느끼게 해 주는 감각 영역도 필요하다. 또한, 들어오는 정보를 기존의 저장된 기억과 비교하고 의미를 끌어내어 특정한 결정을 내리기 위해서는 측두엽과 전두엽도 협력하여야 한다. 이렇게 다양한 정보를 제공하는 대뇌 피질의 여러 모듈이 협력하여 여러 정보가 잘 혼합되어야 의식 대상에 대한 일정한 줄거리가 만들어진다.

한편, 뇌로 들어오는 모든 정보가 다 의식이라는 과정을 거치지는 않는다. 의식되지 않은 정보들이 뇌가 판단을 내리거나 행동할 때 영향을 준다는 연구 결과도 많이 있다. 차폐 현상은 그 좋은 예이다. 화면에 10밀리초 동안만 뱀의 모습을 보여 주면 너무 순식간이어서 이를 본 사람은 뱀을 보았다고 의식하지 못한다. 그런데 심장이 뛰고 손에 땀이 난다. 바로 이러한 현상을 차폐 현상이라고 한다. 즉, 뱀의 모습은 의식을 거치지 않았지만 무서움이라는 감정과 이에 따른 행동 변화를 일으킨 것이다.

의식에 대한 연구 가운데 현재 가장 활발하게 이루어지고 있는 것은, 사물을 의식적으로 바라볼 때 나타나는 시각적 의식과 이때 시각 피질의 활동 변화에 대한 연구이다. 바라보는 관점에 따라 서로 마주 보는 두 사람의 얼굴로 보일 때도 있고 꽃병으로 보일 때도 있는 에드가 루빈의 유명한 그림이나 어느 곳을 주목하느냐에 따라 육면체의 모습이 다르게 보이는 네커 정육면체는 시각과 의식의 관계를 잘 보여 주는 대표적인 사례라고 할 수 있다.

의식 과정에 문제가 있는 환자들 가운데는, 누구에게나 친숙한 어떤 사물에 대해 의식 속에서는 그것이 무엇인지 알지 못하면서도, 무의식 속에서는 그 사물을 마치 잘 아는 듯 정상인과 다름없이 다루는 사람들이 있다. 예를 들어, 맹시blindsight 현상을 보이는 환자의 경우, 무엇이 보이냐고 물어봤을 때 물체가 전혀 보이지 않는다고 이야기하는데, 그 물체를 가리켜 보라고 하면 정확하게 가리킬 수 있다. 즉, 시각 경험은 이루어지고 있으나 의식 과정을 거치지 못하는 상태라고 할 수 있다.

한 연구 결과에 따르면, 시각적인 의식 활동이 일어날 때 상위 뇌 영역에서 하위 시각 피질로 명령이 전달되고, 시각 피질의 감각 정보 처리 기능이 조절된다고 한다. 하지만 지금까지 나온 연구 결과들을 종합해 보면, 의식적으로 어떤 행동을 할 때 전전두피질의 활동이 더욱 증가하기는 하지만 '뇌 속의 뇌'로 예견되어 왔던 '의식의 중추'가 어느 한 곳에 있다고 보기는 어려운 상황이다.

같이 활동하는 집합에 속하는 뉴런들은 최소한 일부만이라도 동시에 활동한다는 점이 무엇보다 중요하다. 이러한 현상을 일컬어 뉴런들이 '결합한다'라고 하는데, 이러한 결합이 일어나는 과정 자체는 시냅스 활동의 산물이며 무의식 상태에서 일어난다. 중추 마취제로 사용하는 약물이 뉴런의 시냅스 활동을 억제하는 것은 이 때문으로 해석될 수 있다.

한편, 뇌에 있는 신경 회로망은 의식과 깊은 연관을 가지고 있다. 즉, 골똘히 생각할 때처럼 의식 수준이 높아질수록 활동하는 신경 회로망의 규모는 커지고, 잠을 잘 때처럼 의식 수준이 낮아질수록 신경 회로망을 구성하는 뉴런의 수가 감소한다. 이렇게 의식이 어떠한 활동 수준에 있는지를 결정하는 요소로는 외부 감각의 입력 정도, 도파민, 세로토닌, 노레피네프린, 아세틸콜린 같은 신경 조절자의 분비 정도를 들 수 있다.

진화와 의식의 관계는?

이러한 의식 수준과 신경 회로망의 관계는 인간 의식의 진화 과정에도 적용될 수 있지 않을까? 즉, 진화를 거치면서 영장류의 뇌는 점점

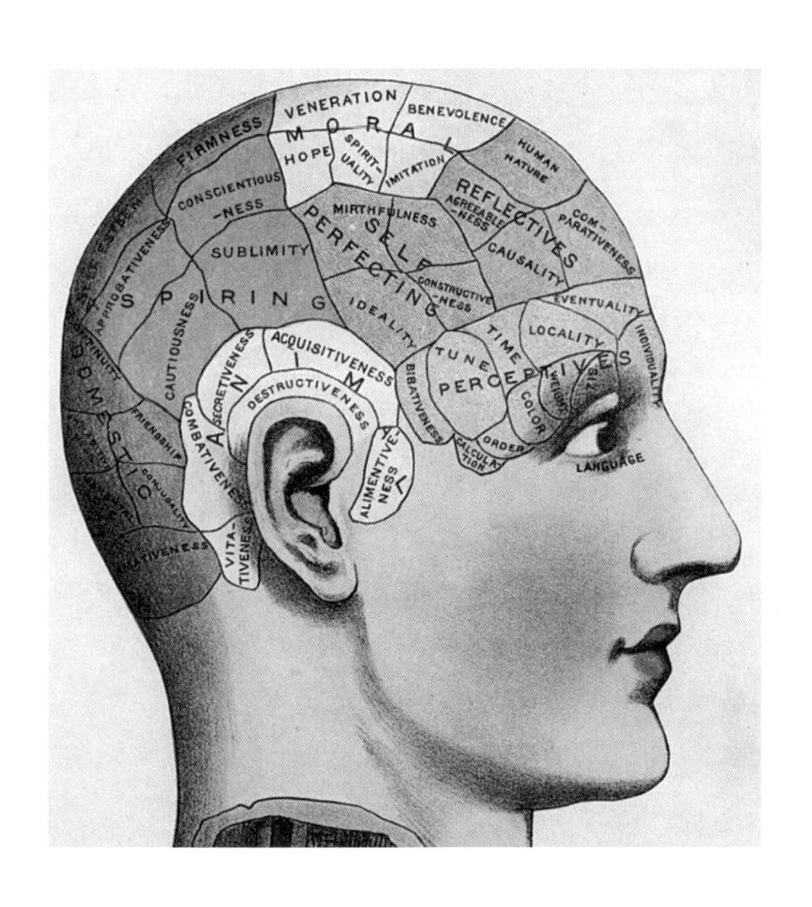

VENERATION
BENEVOLENCE
MORAL
FIRMNESS
HOPE
SPIRIT-UALITY
IMITATION
HUMAN NATURE
CONSCIENTIOUS-NESS
MIRTHFULNESS
REFLECTIVES
AGREEABLE-NESS
COM-PARATIVENESS
SELF PERFECTING
SUBLIMITY
CAUSALITY
SELF ESTEEM
APPROBATIVENESS
SPIRING
CONSTRUCTIVE-NESS
EVENTUALITY
IDEALITY
CAUTIOUSNESS
TIME
LOCALITY
INDIVIDUALITY
ACQUISITIVENESS
SECRETIVENESS
ANIMAL
TUNE
PERCEPTIVES
BIBATIVENESS
DESTRUCTIVENESS
DOMESTIC
FRIENDSHIP
COMBATIVENESS
WEIGHT
SIZE
COLOR
ORDER
CALCULA-TION
LANGUAGE
ALIMENTIVE-NESS
CONJUGALITY
VITA-TIVENESS

대형화되고 신경 회로망도 복잡해지면서 의식 역시 정교하고 복잡해졌으리라는 것이다. 특히 스스로를 인식하는 자아의식처럼 높은 수준의 의식은 거대한 뉴런의 집합이 필요한 만큼 상당한 진화 과정을 거친 다음에야 나왔으리라 여겨진다.

과연 의식은 왜 있어야 할까? 의식의 역할은 무엇인가? 아직까지 정답은 없지만, 의식을 진화의 관점에서 보는 흥미로운 해석이 있다. 어떤 개체의 생존 가능성을 높이기 위해 의식이 생겨났다고 보는 해석이다. 즉, 외부 환경에서 자극이 왔을 때 본능에 따라 반응하는 다른 동물과 달리, 의식이라는 선택적 반응을 통하면 신경계가 보다 효율적으로 활동할 수 있다는 설명이다. 의식을 통해 다양한 정보 처리가 이뤄지면 다양한 행동을 만들어 낼 수 있고, 다양한 정보를 결합하여 활용하면 당연히 가장 적절한 의사 결정을 내릴 수 있다. 이렇게 학습 능력이 점점 발전되면, 이러한 개체는 본능에만 충실한 다른 동물보다 당연히 살아남을 가능성이 더 커졌을 것이다.

뇌과학의 순환적 모순

아직도 의식에 대해서는 많은 의문이 남아 있다. 과연 다른 동물도 스스로를 의식할까? 인간은 진화 과정상 어느 단계에서 어떻게 자아의식이 가능하게 되었을까? 의식을 측정할 수 있는 지표가 있을까? 이런 지표를 찾게 된다면 어떤 동물이 의식이 있는지 정확히 판별할 수 있을 뿐 아니라, 컴퓨터나 튜링 기계 같은 인공 지능이 의식을 가질 수 있을지 예측하는 데도 많은 도움이 될 것이다.

의식은 어려운 숙제이지만 뇌의 신비를 풀기 위해서는 반드시 거쳐야 할 관문이다. 하지만 뇌의 신비는 영원히 풀리지 않는다는 견해들도 있다. 뇌를 이해하기 위해서 뇌를 이용한다는 순환적 모순 때문이다. 그러나 오히려 이런 점 때문에 많은 과학자가 뇌의 신비와 의식의 문제에 매료되어 쉽게 포기하지 못하고 있다.

지금처럼 복잡하게 신경 회로망이 발달하고, 인간 정신 활동의 산물인 문화를 만들어 낼 줄 아는 뇌로 발전한 때를 많은 과학자는 약 4만 년 전쯤으로 보고 있다. 하지만 정작 이렇게 '똑똑한' 뇌를 가진 인간이 자신의 뇌가 어떠한 모습인지 제대로 이해하기 시작한 지는 얼마 되지 않는다.

마음의 장소가 심장이 아니라 뇌에 있다고 알려지기 시작한 때가 불과 2000여 년 전이다. 또한 18세기가 지나서야 감각을 느끼고 신체를 조절하는 일이 뇌실에 있는 뇌척수액이 아니라 신경세포와 신경섬유에 의해서 이뤄진다는 사실을 알게 됐고, 100여 년 전에야 뉴런이 신경계의 가장 기본적인 기능 단위라는 사실을 알게 됐다.

하지만 뇌과학은 가파른 속도로 발전하고 있어서, 최근 10년 동안 얻어낸 신경과학의 연구 결과는 지난 1세기 동안 쌓아 온 연구 결과와 맞먹을 정도이다. 이런 추세라면 얼마 지나지 않아 인간의 뇌가 자기 자신의 모습을 제대로 알게 될지도 모를 일이다.

수많은 철학자 역시 오랜 세월 물질과 정신의 차이에 대해 고민해 왔다. 그리고 아직도 많은 사람이, 데카르트가 선언했듯이 영혼은 육체와 분리되어 존재할 수밖에 없다고 생각한다. 정말 그러한지, 아니면 육체와 정신은 동전의 앞뒷면과 같은 관계인지, 혹은 입자와 파동의 성질을 동시에 갖고 있는 빛처럼 보아야 할지, 아니면 다른 그 무엇인지 아직 누구도 확실하게 대답할 수 없다.

이러한 물음에 답하기 위해서는 무엇보다 의식의 문제를 풀어야 한다. 드디어 의식이 무엇인지 제대로 대답하게 된다면, 정신분열증으로 고통받는 많은 이들을 치료할 수 있는 길이 열리게 되고, 동시에 "인간이란 무엇인가?"라는 인간의 정체성에 대한 철학적 물음에 대해서도 답할 수 있지 않을까?

BRAIN 04

영원히 깨지 않는 것이 죽음이다

강봉균

잠자고 꿈꾸는 이유는 무엇인가?

Why do we sleep? Why do we dream?

숙면은 근육과 신체 기관을 쉬게 하고, 동물들이 어둠 속에 잠복하고 있는 위험으로부터 벗어나게 도와준다. 불과 100여 년 전만 해도 꿈이 인간의 무의식적인 욕망으로 가는 출구를 제공한다고 생각했다. 하지만 잠의 진짜 비밀은 뇌에 존재한다. 이제 신경과학자들은 fMRI 등의 첨단 기술을 이용해 잠자는 동안 활성화되는 뇌의 영역을 찾는 등 잠과 기억의 연관성, 꿈의 메커니즘 등에 대해서 다각도로 탐구하고 있다.

잠이 보약이다

놀라운 세상 이야기를 전해 주는 텔레비전 프로그램에서 잠을 안 자고 며칠을 버틴 사람에 대한 이야기를 듣거나, 깜짝 이벤트로 잠 안 자고 영화 보기 같은 행사를 벌이기도 하지만, 대부분의 사람은 하루 일과를 마치면 어김없이 잠을 잔다. 여기에는 별로 선택의 여지가 없어 보인다. 부득이하게 일이 밀려 몇 시간이라도 잠을 미루면 쏟아지는 졸음을 참을 수 없어 괴로워하는 존재가 사람이니까. 일생의 3분의 1을 자는 데 쓰고, 일생의 10분의 1을 꿈을 꾸는 상태로 보내고 있는 사람에게 잠은 어떤 의미일까? 왜 잠을 자야만 할까?

과연 사람은 잠을 안 자고 얼마나 버틸 수 있을까? 지금까지 커피나 약의 도움 없이 순전히 의지로 잠을 안 잔 최고 기록은 11일이다. 그러나 11일 동안 잠을 안 잔 사람을 관찰한 결과, 비정상적으로 오래 깨어 있는 동안 예민해지고 망상에 사로잡히고 손을 떨거나 반응 시간이 늦어지고 언어 장애가 생기는 등 뇌 기능 장애가 나타났다. 일부 동물의 경우에도 잠을 못 자게 하면 죽음에 이른다고 보고된

바 있다. 먹고 숨 쉬는 것만큼이나 잠이 중요하고, 사람의 몸이 정상적으로 기능하는 데 잠이 얼마나 중요한지 잘 보여 주는 사례라고 할 수 있다. 먹고 숨 쉬는 일의 중요성은 알겠는데 잠은 왜 필요할까? 사실 아직까지 명쾌한 해답은 없다. 그저 다양한 이론만 제기되어 있을 뿐이다.

잠은 무엇인가?

과학자들은 수면을 '환경과의 반응이나 상호작용이 줄어든 가역적 reversible 상태'라고 정의한다. 여기서 '가역적'이라는 말은 살아 있는 동안에는 잠을 자고 깨고 다시 자는 상태가 반복되듯이, 다시 원래의 상태로 되돌릴 수 있음을 뜻한다. 다시 깨지 않고 영원히 잠들면 죽음을 뜻하니 당연한 말이다.

흔히 '얕은 잠' '깊은 잠'이라고 표현하듯이 잠이란 어떤 균일한 상태가 계속되는 생리 활동은 아니다. 잠을 자는 동안에는 안구가 빠르게 움직이는 REM Rapid Eye Movement 수면과 그렇지 않은 Non REM 수면 상태가 반복된다.

REM 수면을 하는 동안 뇌파 기록 EEG, Electroencephalography 은 깨어 있을 때와 비슷하고, 안구 근육 이외에 신체 근육은 움직이지 않는다. 이때가 바로 우리가 꿈을 꾸는 시간이다. 이 REM 수면을 뺀 나머지 수면 상태를 Non REM 수면이라고 한다. 자세를 바로잡기 위해 몸을 가끔 움직이기는 하지만, 전반적으로 몸의 근육이 이완되고 신진대사가 거의 이루어지지 않는 상태이다. 한마디로 몸이 휴식을 취하는 기간이다. 뇌 신경세포의 활동도 매우 떨어져 독특한 뇌파를 발생한다.

이러한 Non REM 수면을 '움직일 수 있는 신체에, 게으른 뇌'라고 표현한 사람도 있다. 반면에 REM 수면은 '마비된 신체에, 활동적이며 환각 상태인 뇌'라고 표현하기도 한다. 특히 REM 수면은 몸은 움직이지 않지만 뇌는 깨어 있는 상태와 비슷한, 그러나 환각 상태처럼 또 다른 의식 세계에 빠져 있기도 하는 특이한 상태이다. 만일 이 기간 동안 운동을 억제하는 체계가 작동하지 않는다면 꿈속의 이상한 행동을 그대로 실행하게 되어 자신은 물론 주변 사람에게 해를 끼칠 위험도 있다.

다른 동물도 사람과 비슷하게 잘까?

사람만이 규칙적인 하루 일과를 가진다고 생각하면 오산이다. 동물뿐 아니라 세포로 이루어진 모든 생명체는 낮과 밤의 변화, 하루 시간의 흐름을 파악하는 일주기 리듬을 갖고 있다. 모든 생명체는 시계를 보지 않더라도, 때로는 태양이 없는 어두운 암흑 속에서도, 저마다 몸의 활동을 24시간 주기에 맞추어 활동하는 능력이 있다. 사람이 낮과 밤에 따라 행동을 달리하듯 동물도 낮과 밤에 따라 행동의 큰 차이를 보인다.

그렇다면 모든 생명체는, 혹은 동물은 잠을 잘까? 현재까지 알려진 바로는 모든 포유류, 조류, 파충류가 잠을 잔다. 하지만 REM 수면을 하는 동물은 포유류와 조류뿐이다. 수면 시간을 보면, 박쥐는 하루 18시간, 말은 3시간 정도 잔다. 이렇게 동물도 잠을 잔다는 사실을 보고, 잠이 오랜 진화 과정을 거치면서도 없어지지 않은 필수적인 기능이라고 해석할 수도 있다.

어릴 때 한 번쯤은 "긴 여행을 떠나 철새는 하늘을 날면서 어떻게 잠을 잘까?" "물속에서 사는 물고기는 과연 잠을 잘까?" 물어본 적이 있을 것이다. 이처럼 살아가는 환경이 잠을 자기에는 어려워 보이는 동물이 꽤 있다.

이 가운데 돌고래를 연구해 보니, 사람과는 다르지만 돌고래도 자기만의 독특한 방식으로 잠을 잔다는 사실을 알 수 있었다. 포유류인 돌고래는 숨을 쉬기 위해서 물 밖으로 목을 내밀어야 한다. 사람처럼 30분만이라도 낮잠을 잔다면 돌고래는 물속에서 바로 죽을지도 모른다. 그런데 놀랍게도 돌고래는 수시로 물 밖으로 몸을 내밀면서도 사람만큼 잔다고 한다. 과연 돌고래가 잠자는 놀라운 비법은 무엇일까?

뇌는 좌우 반구로 나누어져 있는데, 사람은 잠을 잘 때 두 반구가 동시에 수면에 들어간다. 그런데 돌고래의 뇌파를 검사해 봤더니, 한쪽 반구가 잠을 자는 동안 다른 반구는 깨어 있고, 다시 다른 반구가 잠을 자는 동안 나머지 반구는 깨어 있었다. 이 주기는 짧게는 5초, 길게는 2시간까지 된다고 한다. 물속을 헤엄치면서도 아주 짧게 한쪽 반구로 잠을 자는 것이다. 결국 돌고래는 토막 잠들을 모아, 인간과 거의 비슷하게 하루에 총 7~8시간 정도 잔다. 다만 돌고래에게 REM 수면은 없는 듯 보인다. 어쨌든 이렇게 한쪽 뇌는 움직이면서도 다른 쪽 뇌는 자야 할 만큼 잠은 동물의 생활에서 중요한 활동이라고 할 수 있다.

왜 잠을 잘까?

왜 잠을 자야 하는지, 즉 잠의 기능에 대해서는 많은 이론이 있지만 크게 두 가지로 나눌 수 있다. 회복 이론과 적응 이론이다. 회복 이론은 잠을 통해 충분한 휴식을 취해야 다음 날 활동을 위해 회복할 수 있다고 설명한다. 적응 이론은 잠이 포식자나 해로운 환경으로부터 벗어나고, 동시에 에너지를 보존하는 데 필요하다고 설명한다. 즉, 적응 이론은 잠이 우리 몸을 안전하게 보존하기 위한 기능이라고 보는 것이다.

위에 음식물이 없으면 배고픔이라는 신호를 보내 무엇인가를 먹는다. 마찬가지로 목이 마르면 물을 찾는다. 없어진 무엇인가를 채움으로써 회복한다. 그렇다면 잠을 통해서는 무엇을 보충하여 회복할까? 몸

에 쌓인 노폐물이나 독소를 제거하는 과정이 회복일까? 불행히도 아직까지는 이 회복의 구체적인 정체는 밝혀지지 않았다.

이렇듯 회복 이론은 잠을 통해 신체 생리작용 가운데 '무엇'이 회복된다는 것인지 그 대상이 명확하지 않다는 한계를 안고 있다. 다만 잠이라는 휴식 과정을 통해 에너지를 절약하고 이 에너지로 손상된 세포를 수리하거나 조직과 신체를 성장시키는 정비 과정이 아닐까 추측할 뿐이다.

어쨌든 수면 장애가 심하면 몸과 행동에 심각한 문제가 일어난다는 사실은 분명하다. 동물을 억지로 오랫동안 깨어 있게 하면, 먹는 양은 늘지만 몸무게는 오히려 줄어들고 위궤양 같은 병이 생겨 몸이 약해지다 결국 죽기도 한다. 또한 체온이나 대사율을 조절하는 데도 문제가 생긴다. 아마도 Non REM 수면을 하는 동안, 뇌에 어떤 휴식 과정이 꼭 있어야 하는 것이 아닐까 정도로만 추측하고 있다.

이러한 회복 이론에 비해 적응 이론은 동물이 잠을 자야 하는 이유를 잘 설명하고 있다. 예를 들어, 보통 다람쥐처럼 몸집이 작은 동물은 밤에 여기저기 돌아다니면 올빼미나 늑대에게 발각될 위험성이 크다. 이처럼 작은 동물은 밤중에 안전하게 땅 속 은신처에 숨어 잠으로써 위험으로부터 자기를 보호한다. 더구나 몸의 움직임을 최소화시킬 수 있으므로 에너지를 절약하는 일거양득의 효과도 볼 수 있다.

두 이론을 종합해 보면, 사람이나 동물 모두에게 잠은 에너지 대사를 적절히 조절해 주면서 동시에 다양한 정보들을 뇌 속에 저장시키고, 다음 날 또 활발하게 뇌를 쓰기 위해 휴식을 취하는, 꼭 필요한 과정이라고 할 수 있다.

왜 꿈을 꿀까?

잠을 자는 동안 일어나는 불가사의한 현상이 바로 꿈이다. 꿈은 과학뿐 아니라 예술, 문학, 철학 영역에서도 중요한 주제이다. 태몽을 꾸고 나서, 훌륭한 인물이 탄생할 것이라고 예견하거나 계시를 받았다는 전설도 꽤 많다. 이렇듯 꿈은 보통 비현실적이고 환상적인 내용이거나 때로는 기괴하기도 하다. 물론 조금 더 현실과 비슷한 꿈도 많다. 꿈속에서 영감을 받아 벤젠의 화학 구조식을 알아냈다거나, 신경 전달 물질의 존재를 찾아내어 노벨상을 탔다는 유명한 일화들도 있다. 꿈속에서 연주된 곡을 기억해 내어 불후의 명곡을 작곡한 이야기도 많이 전해 내려온다. 이렇게 특별한 경우가 아니더라도 사람은 항상 꿈을 꾸고, 꿈 때문에 부푼 희망을 갖거나 불안해하거나 재미있어 한다. 꿈은 신비의 영역인 동시에 우리 삶의 일부분이라고 할 수 있다.

어떤 사람은 꿈을 너무 꿔서 문제라고도 하고, 어떤 사람은 꿈을 꾸지 않는다고도 한다. 많은 사람들이 도대체 하루에 몇 번이나 꿈을 꾸는지, 어떤 꿈은 기억이 나고 어떤 꿈은 기억이 안 나는지 궁금해한다. 지금까지 알려진 바에 의하면, 우리는 하룻밤에 꿈을 네다섯 번

QUESTIONS

사람은 잠을 안 자고 얼마나 버틸 수 있을까?

돌고래는 물 속에서 어떻게 잘까?

잠을 통해 무엇을 보충하고 회복하는 것일까?

사람은 잠을 자는 동안 계속 꿈을 꾸는 것일까?

꿈 역시 잠처럼 생명 활동을 위해 꼭 필요한 것일까?

잠을 자는 동안 기억 저장이 활성화되는 것일까?

꾼다. 그 가운데 기억할 수 있는 꿈은, 깨는 순간 진행되던 꿈뿐이라고 한다.

생명 활동을 유지하기 위해서는 반드시 필요한 잠, 그리고 자는 동안에는 어김없이 찾아오는 꿈. 과연 꿈은 그저 잠을 자는 동안에 일어나는 뇌 활동의 부산물에 불과한 것일까? 아니면 잠처럼 생명 활동을 위해서는 꼭 필요한 것인가? 사실 아직까지는 꿈을 꾸는 이유를 잘 모른다. 역시 몇 가지 추측이 있을 뿐이다.

프로이트는 꿈의 의미를 체계적으로 분석하고자 한 사람이다. 프로이트는 정신분석 이론을 통해, 금지된 욕망이나 성욕 본능이 분출되는 무의식적 방법을 꿈이라고 보았다. 따라서 꿈을 잘 해석하면 환자의 무의식적 심리 상태를 파악할 수 있으며 정신 질환을 치료하는 데도 도움이 된다고 믿었다.

프로이트와는 달리, 꿈을 신경과학의 측면에서 분석하는 사람들도 있다. 즉, 잠을 자는 동안 교뇌에서 무작위로 일어난 신경 활동이 대뇌 피질의 여러 영역을 자극하여, 그곳에 저장된 다양한 기억이 마구 불려 나와 재구성되기 때문에 기괴한 꿈으로 합성된다는 설명이다.

또한, 꿈을 꾸는 동안에는 의식이나 판단, 계획 수립처럼 고차원적인 기능을 하는 뇌의 맨 앞에 있는 전전두피질의 활동은 억제된다고 한다. 따라서 꿈속에서 아무리 이상한 일이 벌어져도 꿈속에서는 그것을 이상하다고 생각하지 않게 된다. 사실 자신이 꿈을 꾸고 있다는 사실을 망각하는 경우도 많다.

한편, 꿈이 주로 나타나는 시기가 REM 수면이고, REM 수면이 기억 형성에 중요하다는 데서 꿈과 기억과의 관계를 추측해 볼 수도 있다. 조류와 포유류는 대부분 꿈을 꾼다고 알려져 있다. 그래서 쥐에게 길을 제대로 찾아가는 훈련을 시킨 뒤, 잠을 자는 동안 기억이 저장되는 뇌 부위인 해마에 있는 뉴런들의 활동을 조사해 보았다. 놀랍게도 쥐가 길을 익힐 때 해마에서 나타났던 독특한 신경 활동과 똑같은 패턴이 잠을 자는 동안에도 관찰됐다. 이는 낮에 배운 학습 내용이 잠을 자는 동안 복습되면서 기억 저장을 도와줌을 뜻한다.

사람도 마찬가지다. 잠을 자다가 일부러 깨워 꿈의 내용을 분석해 보거나, 잠을 자는 동안 찍은 뇌 영상 자료를 분석한 결과를 보면, 분명히 Non REM 수면이나 REM 수면 동안에 최근 받은 훈련 내용을 복습하고 있음을 알 수 있었다. 한 가지 특이한 점은, REM 수면 동안에는 배운 내용이 변형되어 나타났다. 또한 새나 쥐뿐만 아니라 사람 역시 잠을 방해하면 전날 배운 내용을 제대로 기억하지 못하고, 전날 익힌 방법들을 다시 제대로 해내지 못했다.

이 외에도 학습 훈련이 많아지면 REM 수면이 길어진다는 보고도 있고, REM 수면은 뇌가 성숙하기 전인 어릴 때일수록 더 많이 나타나기 때문에 REM 수면은 뇌의 발달과도 관련이 있다는 주장도 제기된다.

꿈과 잠에 대한 지금까지 연구 결과를 종합해 보면, '학습과 기억, 휴식, 에너지 축적과 잠, 혹은 꿈이 어떤 관련이 있을 것이다.' 정도라고 할 수 있다. 잠과 꿈의 비밀을 밝히기 위한 연구는 이제부터 시작이다. 앞으로 생리적인 측면에서 볼 때 꿈은 과연 어떤 의미인지, 꿈은 어떻게 만들어지는지 좀 더 자세히 알아낸다면 뇌의 비밀에 한 발짝 성큼 더 다가갈 수 있을 것이다. 아울러 잠에 대한 연구는 주변에서 흔하게 볼 수 있는 수면 장애, 일주기 리듬 장애로 인한 안전사고 같은 고통을 줄이는 데도 크게 도움이 될 것이다.

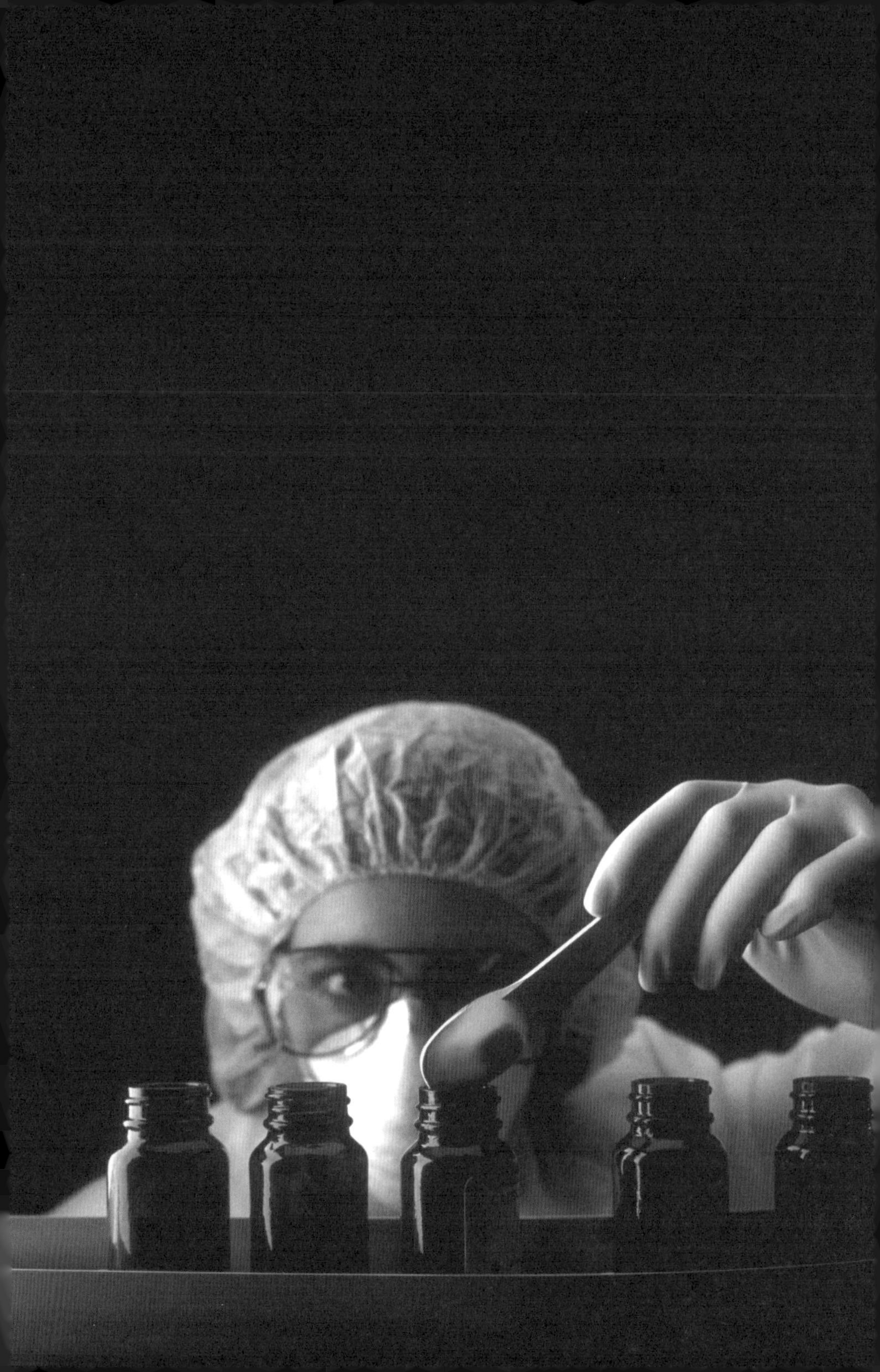

삶과 죽음을 바꿀 수 있을까?

LIFE

모두에게 평등한 의학을 꿈꾼다

매력적이고 치명적인 줄기세포

LIFE 01

모두에게 평등한 의학을 꿈꾼다

이현숙

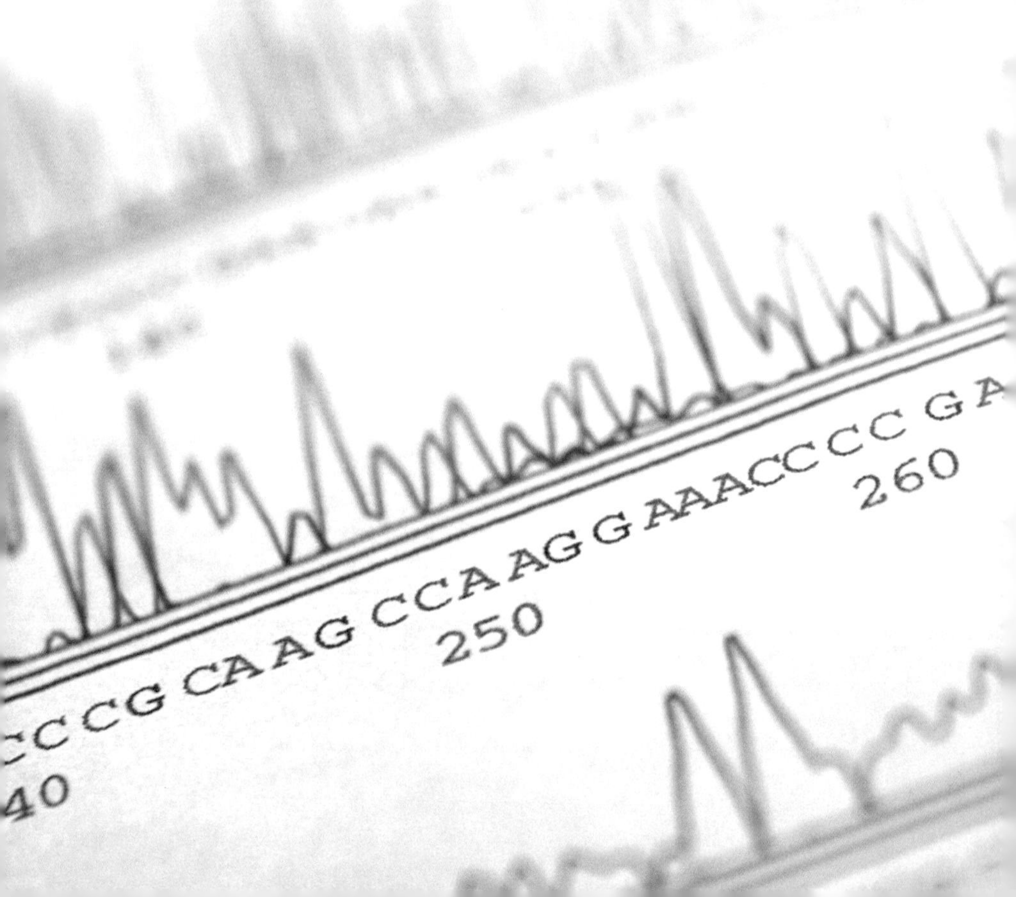

유전자 조절로 건강을 관리할 수 있을까?

To what extent are genetic variation and personal health linked?

10여 년 전 인간 유전자 지도가 완성되었을 때 전 세계는 호들갑을 떨었지만, 과연 그 일이 그렇게 대단한 일일까? 유전자 변형은 맞춤 의학이 가능할 수도 있다는 희망을 만들어 내면서, 알츠하이머병에서부터 유방암에 이르기까지 갈수록 높아져 가는 질병의 위험성과 연관되어 생각되었다. 하지만 원인이 되는 DNA를 찾아내고 실제로 의사들이 사용할 수 있는 유전자 테스트까지 가기에는 만만찮은 도전들이 남아 있고, 모든 이들이 평등하게 그 축복을 누리기 위해서는 사회 전 영역이 힘을 합쳐야 한다.

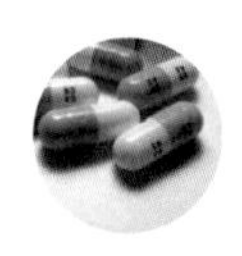

내 몸에 딱 맞는 치료

어디가 심각하게 아프지는 않은데, 몸이 좋지 않다고 느낄 때가 있다. 딱히 병원의 어떤 과에 가서 진료를 받아야 할지 난감해 주위 사람들과 의논을 해 보면 자신의 경험에 근거해 별의별 진단들을 다 내려 주지만, 정작 내 몸에 제대로 맞는 진단은 없었던 경험을 다들 한두 번쯤은 해 보지 않았을까 싶다.

이때 생각나는 말이 있다. 바로 '체질'이다. 주로 한의학에서 쓰는 말인데, 분자생물학에서라면 '유전적 다양성' 정도로 바꿔 볼 수 있지 않을까 싶다. 다만 일란성 쌍둥이도 유전자가 조금은 다르다고 할 정도로 사람의 유전자는 너무 다양하다는 문제가 있다. 당연히 나와 똑같은 유전자를 가지고 있는 사람은 이 세상에 없으므로, 그 체질이 무한히 다양하다는 점에서 한의학에서 이야기하는 체질과는 좀 다르다. 물론 한의학에서도 몇 가지 유형으로 나눈 뒤 사람마다 더 자세하게 그 체질을 따지기도 하지만 말이다.

생명과학이 급속하게 발전하는 모습을 지켜보면, 전혀 다른 언어와 인식 체계를 갖고 있어 그 사이에 크레바스의 깊은 골이 있는 듯 멀게만 보였던 동양과 서양의 과학이 어느덧 서로 만나고 있다는 생뚱맞은 생각이 들고는 한다. 이른바 '맞춤 의료'라는 개념도 그렇다. 맞춤 의료란 환자마다 유전자들의 특성과 그 발현 양상이 다 다르다는 사실을 바탕으로 하여 환자에 딱 맞는 처방을 한다는 목표를 가진 21세기 생명의학biomedical science이다.

남들에게는 다 듣는 약이 이상하게도 나한테만은 잘 듣지 않는 경우가 있다. 감기약 하나 잘 듣지 않는 정도라면 심각한 독감이 아닌 이상 문제가 그리 심각하지 않을 수도 있다. 그런데 남들에게는 다 문제없이 작용하는 마취제가 하필 내게는 근육이 굳어 버리는 치명적 부작용을 불러온다거나, 많은 사람에게 문제없이 쓰이는 어떤 항생제가 나한테는 치명적이라면? 가볍게 넘겨 버릴 수 없다. 그 원인이 무엇인지 당연히 따져 봐야 한다. 맞춤 의료 역시 이러한 문제의식에서 시작했다.

유전자 지도가 그렇게 대단한가?

분자생물학의 입장에서 보면, 이 모든 원인은 유전자에 있다. 사람은 저마다 조금씩 다른 유전자를 갖고 있기 때문에, 흔하게 누구에게나 잘 듣는 약이라고 해도 그 반응은 다르게 나타날 수 있다. 또한, 집안에 유방암을 앓은 사람이 많다든가 알츠하이머병이 발병할 가능성이 높다든가 하는 현상이 모두 유전자와 관련이 있다는 사실은 이미 알려졌다. 유전자의 다양성과 질병, 치료의 관계가 이 정도라면, 한의학에서 이야기하는 체질 역시 결국 유전자 탓이라고 말해도 괜찮지 않을까 싶다.

익히 알려졌다시피, 이전 세대의 유전인자를 다음 세대에 넘기는 유전자란 디옥시-리보 핵산, 바로 그 유명한 DNA라는 분자이다. DNA는 아데닌A, Adenine, 구아닌G, Guanine, 시토신C, Cytosine, 티미딘T, Thymidine이라는 네 종류의 염기가 화학 반응에 의해 서로 줄 지어 연결되어 있고, 서로 다른 줄의 염기와 염기가 수소 결합을 해서 이중나선이라는 독특한 구조를 띠고 있다.

네 종류의 염기로 만들어진 핵산에는 디옥시-리보 핵산DNA과 리보 핵산RNA 두 종류가 있는데, 이중나선인 DNA가 RNA보다 더 안정하고 유전자 변이가 적기 때문에 유전자로 쓰인다. 반면, RNA는 DNA 암호에 따라 단백질을 만들 때 조절 보조자로 중요한 역할을 한다고 생각된다.

1953년 《네이처》에 실린 한 논문은 이러한 DNA 구조를 처음으로 발견하였다고 보고해 세상을 놀라게 했다. 바로 제임스 왓슨James Watson과 프랜시스 크릭Francis Crick이 그 주인공이다. 그들은 1953년의 그 논문에서 DNA 이중나선 구조를 발견했다고 했다. 물론 이 논문은 자신들의 데이터는 하나도 없이 로잘린드 프랭클린Rosalind Elsie Franklin의 엑스레이 데이터를 해석한 내용이어서 지금까지도 연구 윤리 분야와 여성학계에서 논란이 되고 있다. 또 그래야 합당하다!

하지만 그 뒤에도 프랜시스 크릭이 시드니 브레너Sydney Brenner와 함께 이루어 낸 DNA 암호를 푸는 방법에 대한 고찰이나 유전에 대한 통찰력, 그 뒤 현대 생물학의 발전에 끼친 영향을 비추어 볼 때, DNA의 발견과 그 구조 분석에 대한 크릭의 연구는 가히 현대 과학의 일대 전환을 불러온 과학사의 가장 중요한 업적 가운데 하나라고 할 수 있다.

그 뒤로 50년도 채 지나지 않아, 2000년에는 인간 유전자 염기 서열에 대한 초벌 결과rough draft가 공개되었고, 2003년에는 거의 완벽에 가깝다고 하는 인간 유전자 지도가 발표되었다. 그러자 언론들은 인간 유전자 지도를 밝혀낸 일이 의학 분야에서 획기적 발전을 이룬 일이라고 호들갑을 떨었다.

하지만 대부분 평범한 사람들은 도대체 A, T, C, G 암호들의 조합과 나열이 왜 세상을 뒤흔들 만큼 중요한 일인지, 왜 2000년 당시에 빌 클린턴 미국 대통령이나 토니 블레어 영국 수상 같은 정치인들이 나서서 유전자 지도 발표의 중요성을 설파하였는지 이해하기 힘들었을 것이다. 더구나 아직 그 지도가 완벽하지 않았다는데도 그렇게 난리를 떨었으니 말이다.

어쨌든 많은 사람들은 인간 유전자 염기 서열을 알고 그 지도를 작성하는 일이, 유전자 활동에 지배를 받는 많은 인간의 질병을 진단하고 그 치료법을 제시하는 지름길이라고 믿었다. 따라서 유전자 지도를 완성하는 일은 건강한 장수를 꿈꾸는 우리 인간들의 욕망을 충족시켜 주는 진정한 미래 산업이라고 예측되었다.

이뿐인가? 인간 유전자 지도의 완성은 인류가 이루어 낸 과학의 진보를 상징적으로 보여 주는 쾌거로 평가받았다. 그러니 서구 선진국을 상징하는 두 정치 지도자가 제 나라의 과학의 힘을 과시하며 인류 대표를 자처해 세계인을 상대로 언론에 등장하는 것은 자국의 국가 지도자를 넘어 지구인을 대표하는 당연한 '권리'로 여겨졌을 것이다.

유전자 지도와 특허의 내밀한 관계

하지만 2000년 인간 유전자 지도의 발표에는 심하게 호들갑스러운 면이 있었다. 우선, 인간 유전자 지도 프로젝트Human Genome Project는 사실 그저 한 사람의 유전자 염기 서열을 알아낸 사건일 뿐인데, 사람에게 발병하는 질병들을 정복할 날이 얼마 남지 않은 듯 떠들어 댔으니 말이다. 21세기 초에 이루어진 인간 유전자 지도 작성은 정말 시작에 불과했다. 최근 생명의학계는 사람이 갖고 있는 2만 5000개 유전자의 기능에 대해서 보다 상세히 알게 되면서 유전자의 다양성에 주목하게 됐다. 인간마다 조금씩 다른 유전자, 그 때문에 다르게 발

Familial Polyposis of the Colon
Cystic Fibrosis
Malignant Melanoma
Ovarian Cancer
Huntington's Disease
Polycystic Kidney Disease
Retinitis Pigmentosa
Neurofibromatosis
ADA Deficiency
SCID
Familial Colon Cancer
ALS
Breast Cancer
Sickle Cell Anemia
PKU
Amyloidosis
Retinoblastoma
Prostate Cancer
Alzheimer's Disease
Marfan's Syndrome
Muscular Dystrophy
Hemophilia

생하는 질병, 그 때문에 특정 약에 대해 다르게 반응하는 사람마다 다른 유전자들의 개성에 주목하는 것은 당연한 귀결이다.

예를 들어, 가족 가운데 유방암에 걸린 사람이 몇 명 있다면 그 가계에는 BRCA1, BRCA2라는 유전자에 돌연변이가 있을 가능성이 있다. 그렇다면 그런 가계에 속한 사람이 유방암에 걸리기 전에 BRCA1, BRCA2 유전자의 염기 서열을 미리 검사해 보면 어떨까? 그 유전자들이 괜찮다면 일단 안심해도 되고, 혹시라도 돌연변이라면 유방암을 예방하기 위해 적극적으로 예방약을 먹는다든지(가능하다면 말이다), 아니면 아예 유방을 미리 잘라 내어 유방암으로 생명이 위협받는 일을 예방할 수도 있지 않을까?

실제로 영국에 사는 한 여성은 자신의 가계에 할머니, 고모 등이 유방암 희생자였기 때문에 자신의 BRCA 유전자에도 문제가 있을지도 모른다는 생각을 해 미리 유방을 잘라 내어 버렸다. 이 여성은 한 발 더 나아가 제약회사들이 BRCA 유전자들에 특허를 거는 일에 반대 운동을 벌이기도 했다. 그런데 이 영국 여성은 왜 유방암을 걱정하여 자신의 유방을 잘라 내는 데 그치지 않고, 유방암 관련 유전자 특허 반대 운동까지 벌였을까?

일단, 모든 사람이 가지고 있는 유전자에 특허를 내겠다니 도대체 무슨 뜻인가? 내 뼈와 살을 만드는 유전자에 특허를 낸다는 것은 간단히 말해, 아무것도 모르고 있는 사이에 내 유전자가 어떤 사람의 소유물이 된다는 뜻이다.

어느 날 나도 가지고 있고 남들도 다 가지고 있는 어떤 유전자를 이용해 특정 질병의 진단이나 치료를 할 수 있다고 치자. 하지만 그 유전자는 다른 사람이 특허를 낸 이상, 더 이상 내 소유가 아니기 때문에 비싼 돈을 내야 한다. 눈치 빠른 몇몇 과학자, 과학 기업인이 어느새 유전자의 상업적 가치를 내다보고 훗날의 이용 가능성에 투자했다고 보는 것이 마땅하다.

실제로 인간 유전자 염기 서열을 밝혀내는 일에는 미국 국립 보건원이나 영국 생어 센터(단백질의 아미노산 서열 결정, DNA 염기 서열 결정 방법을 제창해 낸 프레드릭 생어Frederick Sanger의 이름을 따 지은 케임브리지 대학교 부설 연구소) 같은 공공 기관만 나선 것이 아니다. 1999년 미국 과학자 크레이그 벤터Craig Ventor가 세운 셀레라 제노믹스Celera Genomics라는 회사 역시 질병에 중요한 영향을 끼치는 유전자 100~300여 개에 대해 특허를 내겠다며 인간 유전자 염기 서열 결정 작업을 벌였다. 그리하여 이 회사는 미국과 영국의 공동 발표가 있기 전에 그들의 초벌 결과를 발표하였다.

물론 이처럼 사람의 유전자 2만 5000개 각각이 모두 돈이 되는 세상을 꿈꾸는 몇몇 사람이 있기는 하다. 지난 백여 년간 역사만 보더라도, 쓰는 사람에 따라서 과학의 힘이 뜻하지 않게 불특정 다수에게 해악을 끼치게 되는 경우를 종종 발견할 수 있다. 하지만 뜻있는 대다수 과학자는 이에 반대한다. 아무리 과학이 발전해도 돈에 끌려 다

QUESTIONS

누구에게나 잘 듣는 약이 꼭 나에게도 효과가 있을까?

인간 유전자 지도는 그렇게 호들갑을 떨 대단한 일일까?

유전자 지도를 완성하면 모든 질병을 정복할 수 있을까?

왜 유전자에 특허를 내려 할까?

맞춤 의료는 모든 사람에게 똑같이 축복이 될까?

닌다면 인간을 가치 있게 하는 일들에 과학의 산물이 쓰이리라는 보장이 없으니까 말이다. 결국 위에서 이야기한 영국 여성이 유방암 관련 유전자 특허를 반대 운동을 벌였듯이, 과학의 힘이 잘못 쓰이지 않도록 하기 위해서는 그 힘을 견제할 수 있는 사회적 시스템이 반드시 뒷받침되어야 한다.

유전자를 알면 맞춤 의료가 가능할까

맞춤 의료, 혹은 개인별 의료personalized medicine란 결국 개인별 유전자의 차이에서 시작된다. 우리 몸의 유전자들은 크게 보면 다 비슷하지만 각각을 들여다보면 조금씩 다르다. 이는 단백질의 기능은 변함이 없지만 유전자 염기 서열은 조금씩 다른 유전자 다형성polymorphism, 즉 유전자의 특정 부분에서 전체 집단 중 1퍼센트 이상 정도의 높은 빈도로 일어나는 변이나, 유전자와 단백질의 구조까지 변화된 돌연변이로 나타난다.

생명 현상은 단백질이 주도하면서 RNA도 단백질과 함께 그 기능을 조절함으로써 일어난다. 이 모든 정보는 DNA에 담겨 있으므로, 맞춤 의료의 관점에서 보자면 유전자의 다형성이나 돌연변이는 특정 질병과 관련된 유전자 활동에 변화가 생겼음을 뜻한다. 따라서 유전자의 모양새에 따라 누군가는 특정 질병에 잘 걸릴 수도 있고, 그 질병을 치료할 때도 방법이 개인마다 다를 수도 있다.

맞춤 의료의 붐을 불러온 최근의 예를 하나 들어 보자. 영국계 다국적 제약회사 아스트라제네카AstraZeneca는 수술이 불가능하거나 재발한 폐암 환자에게 효과가 있다는 이레사Iressa(본래 약물명은 Gefitinib)라는 먹는 항암제를 개발했다. 이 약은 암의 특성인 비정상적 무한 증식을 공격의 표적으로 삼았다.

폐암세포가 빠르게 성장하는 중요한 이유 가운데 하나는 성장 인자EGF, Epidermal Growth Factor의 신호를 받는 그 수용체EGFR, Epidermal Growth Factor Receptor가 과도하게 활성화되어 세포 내부로 성장 신호가 계속 켜지기 때문이다. 그런데 이레사는 성장 인자 수용체의 ATP 결합 부위에 ATP 대신 결합하여 인산화 기작이 일어나지 못하게 한다. 이렇게 되면 성장 인자 수용체에 있는 티로신 키나아제tyrosine kinase라는 효소 활성이 일어나지 못하게 되고, 결국 성장 신호 전달이 이루어지지 않아 암세포가 죽게 된다. 즉, 이레사는 암에서 특이적으로 활성화된 성장 인자 수용체의 활동을 저해하는 약이다.

현재 항암제 시장은 특정 분자를 선택적으로 공격하여 부작용이 적은 이른바 표적 치료targeted therapy에 한껏 기대를 갖고 있다. 만성 백혈병 및 여러 암에 특효약으로 알려져 "기적의 항암제"라고도 불리는 글리벡Gleevec의 성공 때문이다.

이레사 역시 성장 인자 수용체라는 특정 분자를 공격하는 약이기 때문에 상당한 기대를 모았다. 하지만 돈을 많이 들여 개발한 이 약의 임상 시험 도중 그 효능이 입증되지 않고 간질성 폐렴이 발병했다는 보고(이후에 간질성 폐렴과는 관계없다는 일본 측의 설명이 있었다.)까지 나오자, 미국 식품의약청과 유럽연합은 이레사의 시판을 허락하지 않았다.

그러다 일본 여성 가운데 비흡연자에게는 효능이 있다는 보고가 나왔다. 그리고 인터넷을 통해 그 약의 효능과 작용 원리를 알게 된 한국의 말기 폐암 환자들은 아스트라제네카에 임상 시험을 요청하였다. 결국 일부 비소세포성 폐암non small cell lung carcinoma 환자들을 대상으로 동정적 임상 시험이 이루어졌다. 여기서 '동정적 임상 시험'이란 기존 치료제로는 만족할 만한 효과를 얻기 힘들고, 심각한 상태에 있는 환자가 원할 경우, 아직 판매 허가가 나지 않은 약품을 제약회사에서 무료로 제공하는 프로그램을 뜻한다.

이 임상 시험을 통하여 동양 비흡연자 여성에게는 성장 인자 수용체의 특정 부위에 돌연변이가 많이 있고 이레사가 이런 성장 인자 수용체에 효과적으로 작용한다는 기존의 연구 결과가 다시 확인되었다. 이 결과는 아스트라제네카가 이레사의 임상 시험을 다시 미국 식품의약청에 요청하는 계기를 마련하였다.

물론 이레사가 모든 암 환자에게 잘 듣는 약은 아니다. 폐암 환자 가운데 비흡연자 동양 여성들에게 많은 특정 성장 인자 수용체의 변이 단백질에 효과적인 약이다. 조금씩 다른 유전자, 그 때문에 특정 그룹의 사람에게 맞는 약이라고 분류할 수 있다. 바로 앞에서 이야기한 맞춤 의료의 한 사례이다.

현대 사회에서는 아직 의학적으로 해결하지 못해 고치지 못하는 병도 많지만, 돈이 없어서 치료를 받지 못하는 경우도 많다. 이레사 역시 무상 동정적 임상 시험이 끝난 뒤 이 약을 사용하려는 환자는 한 달에 600만 원이 넘는 돈을 써야 했다. 더구나 이 이레사는 모든 환자에게 적용되는 것이 아니고, 경구용으로 개발된 이 약은 거의 평생을 먹어야 한다. 물론 '혹시나 나에게도 이 약이 맞을까?' 하는 마음으로 한 달에 600만 원씩 쓸 수 있는 사람도 있다. 하지만 대부분 돈 없는 사람들은 '혹시나' 하는 마음으로 한 달에 600만 원짜리 도박을 할 수가 없다. 다행히 2012년 현재에는 이레사에 건강보험이 적용되지만, 이 밖의 대형 제약회사가 개발한 소위 신약들 중 고가의 표적 치료제 사례는 많다.

환자라면 누구나 가능하면 적은 비용으로 확실하게 낫기를 바란다. 꿈의 신약을 싸게 살 수 있다면 더할 나위 없이 좋겠지만 현실은 그렇지 않다. 오랜 기간 막대한 연구 개발비를 투자해 만든 약이므로, 그 비용은 매우 비싸게 책정되기 마련이다.

그렇다면 대안은, '어떤 약이 자신에게 잘 맞는지' 그 정보를 얻는 일이다. 이레사가 내게 잘 맞을지도 모르는데 돈이 없어 시도해 보지도 못한다든지, 의미 없이 큰돈을 들이지 않아도 되도록 말이다.

맞춤 의료는 모두에게 희망을 줄까

맞춤 의료를 위해서는 먼저 질병이 생길 때 유전자와 단백질에 어떤 일이 일어나는지 그 메커니즘을 제대로 알아야 한다. 그래야 치료 방법도 개발할 수 있고, 한발 더 나아가 질병을 진단하거나 앞으로의 경과를 예측하는 데, 또는 임상 시험 중인 신약을 쓸지 말지를 결정하는 데 도움이 된다. 맞춤 의료는 적절한 약을 적절한 양으로 적절한 시간에 적절한 환자에게 투여하는 것을 목표로 한다.

그러한 맞춤 의료의 기술이 발달하면, 모든 사람이 맞춤 의료의 혜택을 받을 수 있을까? 지금 생각해 봐도 쉽게 예상되는 몇 가지 문제가 있다.

일단 맞춤 의료가 보편화되기 위해서는 적은 비용으로 우리의 유전자를 검사할 수 있어야 한다. 그래야만 맞춤 의료를 할 수 있는 기본 정보를 가질 수 있으니까. 하지만 그렇게 유전자 검사가 보편화된다면, 제약 회사의 입장에서는 엄청난 비용을 들여 만든 신약의 시장이 애초 예상보다 훨씬 적을 수도 있다. 이 경우에 천문학적 숫자의 비용을 감당하고 투자하는 제약 회사가 과연 맞춤 치료가 보편화되는 것을 반길까?

또한 유전자 검사 비용을 모두 개인이 부담해야 하는가에 대한 논란이 일게 될 터인데, 한국의 건강 보험이 맞춤 의료를 위한 검사 비용과 제약 업계가 떠안길 비싼 신약의 비용을 뒷받침할 수 있을까?

더욱 문제가 되는 것은 민간 의료 보험이다. 큰 부담을 안게 될 민간 건강 보험은 다국적 제약 회사와 이해관계를 공유하거나 결탁하여 유전자 검사나 맞춤 신약의 비용을 감당하려 하지 않을 것이다. 부자는 그 혜택을 받게 되어도 가난한 사람들은 눈부시게 성장한 맞춤 의료의 성공을 눈앞에서 목도하면서도 전혀 그 혜택을 받지 못하여 상대적 박탈감을 느끼게 될 가능성이 크다. 국가가 국민 건강에 대해 그 책임을 회피하고 시장에만 그 기능을 맡기게 된다면 말이다.

어쩌면 맞춤 의료는 생명과학의 발전이 인류에게 가져다준 선물일 수 있다. 하지만 그 무엇보다 돈벌이가 가장 중요한 가치가 되어 버린 제약 업계, 보험 회사와 제약 업계의 정치적 결탁, 그와 맞물린 연구비 배정, 이 모든 것과 맞물린 공공 정책 같은 문제가 해결되지 않는다면, 맞춤 의료는 최상위 부유층만 누리는 또 다른 의료 서비스가 될 수도 있다.

하지만 아직 대다수 과학자와 의학자는 보다 많은 사람이 보다 행복하고 건강하게 사는 데 기여하기를 바란다. 이러한 바람대로 생명과학의 발전이 평등하게 모두에게 선물이 되기 위해서는, 과학이 권력과 자본에 끌려다니지 못하도록 견제하는 사회 복지 시스템 같은 과학 바깥의 뒷받침 역시 반드시 필요하다.

LIFE 02

매력적이고 치명적인 줄기세포

이현숙

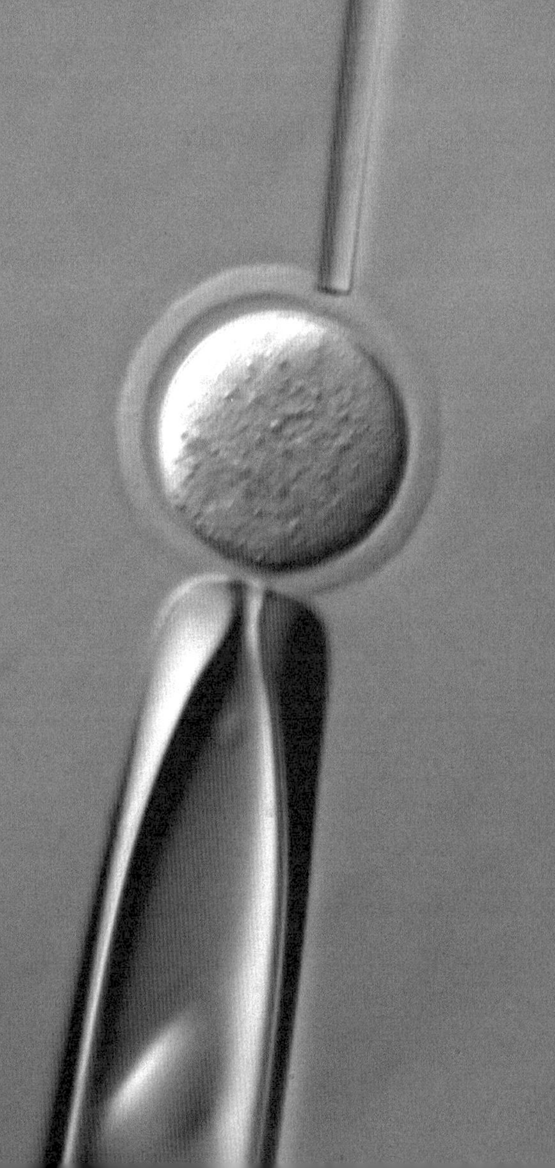

줄기세포로 모든 암을 치료할 수 있을까?

Are stem cells at the heart of all cancers?

한때 한국 사회를 떠들썩하게 만들었던 줄기세포는 한동안 금기의 영역처럼 여겨지기도 했다. 하지만 생명의 신비를 이해하기 위해서 줄기세포는 반드시 이해하고 넘어가야 할 관문이다. 생명이 시작되고, 유전자가 발현하고, 또 노화하는 과정에 대한 단서가 가득하기 때문이다. 특이하게도 줄기세포는 가장 공격적인 암 세포와 많이 닮았다. 만약 암이 줄기세포가 뒤틀려서 야기된 것이라면, 줄기세포에 대한 연구를 통해 종양을 빨리 잡아내고 더 효과적으로 제거할 수도 있지 않을까?

세기의 화젯거리, 줄기세포

예전에 황우석 사건으로 한창 떠들썩할 때, 신입생 오리엔테이션에서 만난 새내기 대학생이 이런 질문을 했다. "교수님! 언론에서는 우리나라가 줄기세포 연구에서 세계 선두 자리를 빼앗겼다고, 지금 일본과 영국이 누가 앞서 나가느냐 각축을 벌이고 있다고 하는데, 이럴 때 과학을 계속 공부하는 게 좀 불안한 느낌이 듭니다. 괜찮을까요?" 한때 대한민국의 자존심을 한껏 부풀려 놓았다가, 또 갑자기 세계적으로 추락시킨, 말도 많은 그 줄기세포는 한 사람이 과학을 공부하느냐 마느냐에까지 영향을 끼쳤나 보다.

물론 줄기세포는 많은 사람의 호기심을 자극하고 장밋빛 미래와 경제적 이익 등을 앞세워 검증되지 않은 온갖 이야기를 만들어 냈다는 측면에서 사회학적 문제로 바라볼 수도 있다. 하지만 그것만이 전부는 아니다. 순수 과학에서도 줄기세포는 중요한 위치를 차지한다. 이제 조금 더 냉철하게 줄기세포의 진짜 모습을 제대로 들여다볼 필요가 있다.

줄기세포는 생명 현상의 가장 밑바탕이 되는 흥미로운 존재이다. 따라서 줄기세포의 정체를 밝혀내는 일은 생명과학의 중요한 화두이다. 하지만 제발 부탁하건대, 어떻게 응용할지는 그 다음으로 미루자. 지금까지 밝혀진 과학적 사실을 종합해 보면, 많이 얘기됐던 '환자 맞춤형 줄기세포 치료술'은 아직 요원하며 더욱이 크나큰 부작용까지 안고 있다. 그래서 대다수 과학자는 성급하게 줄기세포 치료법을 개발하는 데 우려를 표하고 있다.

물론 국민의 혈세로 연구하는 과학자들이 그 세금을 납부한 사람들의 요구에 맞는 결과물을 내놓는다면 더할 나위 없이 좋겠다. 그래서인지 줄기세포가 미래에 얼마나 응용할 가치가 있는지 대중의 입맛에 맞춰 이야기한 경우가 많았다. 하지만 그 정도가 지나쳐 사실을 왜곡하는 데까지 가면, 그야말로 혹세무민할 가능성이 있는 연구 테마가 바로 줄기세포임을 잊어서는 안 된다.

도대체 줄기세포는 무엇인가

뇌, 피부, 위, 폐, 치아 등 여러 기관으로 이루어진 사람의 몸도 처음에는 하나의 수정란 세포에서 시작된다. 이 세포가 분열을 거듭하여 어떤 기관이 될지 그 운명이 결정되고 나면 드디어 몸을 구성하는 기관을 만들도록 분화된다. 줄기세포란 각 기관으로 분화될 세포를 만들

때, 그 밑바탕이 되는 세포를 말한다.

이렇게 본다면, 모든 기관을 만들 수 있는 줄기세포는 수정란 하나뿐이다. 수정란에서 좀 더 분열을 거치면 배반포blastocyst 상태가 되는데, 이 시기는 아직 착상도 되기 전의 상태이다. 그 배반포 안쪽에 내세포괴inner cell mass라는 덩어리가 있고, 배아 줄기세포embryonic stem cell는 여기서 만들어진다. 이렇듯 배아 줄기세포는 아직 그 운명이 결정되기 전 단계이기 때문에 모든 기관으로 분화할 능력을 갖고 있다. 그래서 만능totipotent이라고 불리기도 한다.

이미 1980년대에 실험용 생쥐를 이용해 배아 줄기세포를 만드는 실험에 성공했다. 그리고 현재 이 기술은 질병 연구를 위해 배아 상태에서 특정한 유전자를 뺀 유전자 적중knock-out 생쥐를 만드는 데 밑바탕이 되고 있다.

이러한 유전자 적중 기술은 몸 안에서 특정 유전자가 어떻게 작동하고 어떤 기능을 하는지, 잘못 되었을 때 어떤 질병이 발생하는지를 규명하는 데 매우 중요하다. 마리오 카페키Mario Capecchi, 마틴 에반스Martin Evans, 올리버 스미시스Oliver Smithies는 유전자 재조합을 이용하여 생쥐 배아 줄기세포에서 특정 유전자를 변형하는 방법의 원리를 밝혀낸 공로를 인정받아 2007년 노벨 생리 의학상을 수상하였다.

사실, 복제 개구리를 만드는 일은 이미 60년 전에도 이루어졌다. 1952년 미국의 브릭스Briggs와 킹King은 개구리 수정란에서 핵을 제거하고 다른 개구리 체세포의 핵을 넣어 올챙이로 성장시키는 실험에

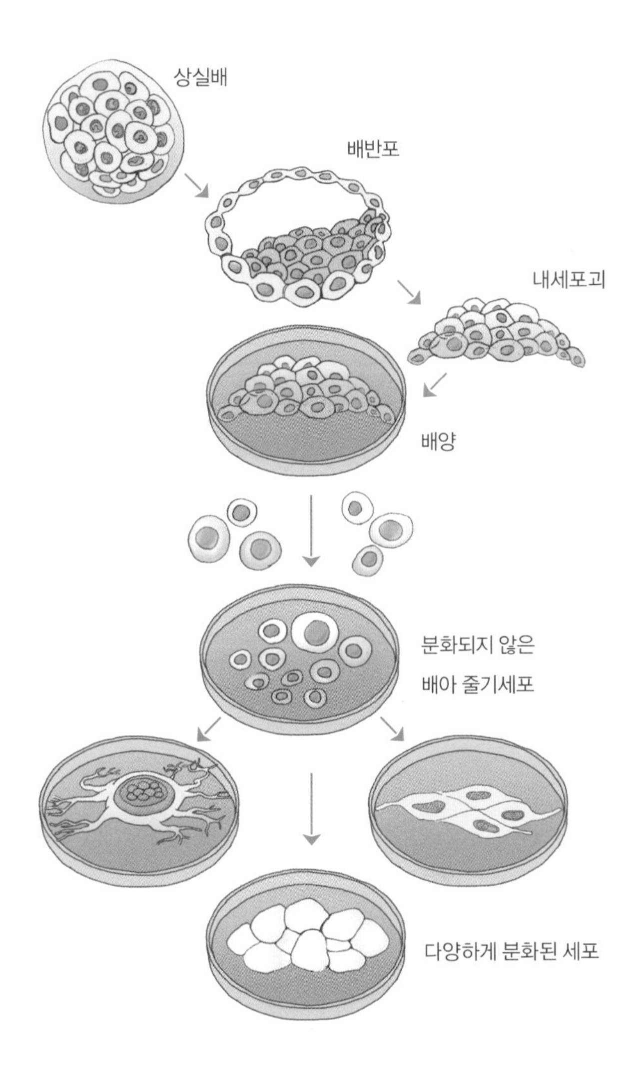

배아 줄기세포 embryonic stem cell

배반포 안쪽의 내세포괴에서 만들어진 배아 줄기세포는 모든 기관으로 분화할 능력을 갖고 있어 만능세포라고도 한다. 뇌, 피부, 위, 폐, 치아, 우리 몸 어디에 있는 세포든 모두 똑같은 유전자를 가지고 있는데 어떻게 각각 다른 기능과 형태를 갖고 있는 기관들이 만들어질 수 있는지, 그 과정 가운데 우리가 답할 수 있는 것은 그리 많지 않다.

성공했다.

또, 1962년 영국의 거든Gurdon은 개구리 난자에서 핵을 제거하고 다른 올챙이 창자 세포의 핵을 이식해 다수의 복제 개구리를 만드는 데 성공했다. 포유류가 아닌 동물에서 체세포 복제에 성공한 첫 사례였다.

이제 과학자들은 수정란이나 배아 줄기세포가 어떻게 피부나 췌장 같은 기관을 만드는지, 그 전체 과정을 밝혀내려고 애쓰고 있다. 뇌, 피부, 위, 폐, 치아, 우리 몸 어디에 있는 세포든 모두 똑같은 유전자를 가지고 있다. 그런데 어떻게 각각 다른 기능과 형태를 갖고 있는 기관들이 만들어질 수 있을까?

이를 설명하는 메커니즘이 바로 유전자 발현이다. 즉, 어떤 세포는 A라는 유전자가 발현되어 폐를 만들어 내는 일을 하는 반면, 또 다른 세포는 B라는 유전자가 발현되어 피부를 만드는 데 공헌한다. 이 복잡한 과정을 거쳐 인간이라는 소우주를 이루는 다양한 몸속 기관이 만들어진다.

이러한 과정을 완벽하게 안다면 시험관에서 필요한 장기의 세포만 따로 만들어 낼 수 있을지도 모른다. 하지만 여전히 한 개의 수정란이 어떻게 이토록 복잡하고 다양한 기관을 만드는지, 그 비밀의 문은 열리지 않았다.

수정란이나 배아 줄기세포가 세포 분열을 거치는 동안 각 세포의 운명은 어떻게 결정되며, 히스톤 단백질과 결합하고 있는 DNA가 어떠한 과정을 통해 각각 그 운명에 따라 그에 걸맞은 유전자를 발현하여 필요한 단백질을 만드는지…… 발생과 관련되어 있는 이러한 기본적인 질문들 가운데에도 현재 우리가 제대로 답할 수 있는 것은 그리 많지 않다.

어쩌면 이러한 숙제들을 하나씩 풀어 가면서, 배아 줄기세포를 이용해 원하는 장기를 만들 수 있다는 선전이 허망한 꿈이었음을 깨닫게 될지도 모르겠다. 마치 중세 연금술사들이 그랬듯이 말이다. 역사를 돌이켜보면, 언제나 하나의 질문에 답을 하게 되면 열 가지 질문이 더 생기는 과정을 통해 과학이 발전했으니 말이다. 결국 과학의 진보를 겪으면서 우리는 '인간이란 얼마나 무지한 존재인가!' 깨달을 뿐이었다.

줄기세포를 추출하는 기본 원리

요즘에는 시험관 수정, 인공 수정이라는 말이 그다지 낯설지 않다. 아직 크고 작은 논란이 있지만 불임 부부에게 시술되기도 하고, 축산업에서는 오래전부터 널리 활용되고 있는 과학기술이기 때문이다. 넓게 보자면 이러한 기술은 난자와 정자 같은 생식세포를 이용하여 인공적으로 생식을 유도하는 방법이라고 할 수 있다. 이렇듯 인공 복제 기술은 이미 우리 생활에 가까이 와 있다. 그리고 논란이 있었지만 결국 영국의 로버트 에드워즈Robert G. Edwards는 그 공로로 노벨상을 받았다.

그런데 1997년 복제양 돌리가 세상에 발표되자 사람들은 깜짝 놀랐다. 왜였을까? 그 이전까지는 주로 수정을 하는 생식세포를 조작하는 기술을 이용하는 것이었는데, 복제양 돌리는 수정을 거치지 않았기 때문이다. 생식세포를 이용하는 기술과 체세포를 이용하는 기술이 뭐가 그렇게 다르기에 다들 난리를 칠까?

여기서 잠깐, 과학 교과서에서 봤던 이야기를 떠올려 보자. 나를 만드는 유전자(2n)는 어머니와 아버지로부터 유전자를 반(n)씩 나눠 받아 만들어진다. 이를 위해 생식세포는 감수 분열을 해서 반수(n)의 유전자를 갖도록 기초 작업을 한다. 이렇게 만들어진 정자(n)와 난자(n)가 만나 온전한 DNA(2n)를 갖게 된 세포가 바로 수정란이다.

그런데 돌리는 체세포의 핵을 꺼내 다른 난자에 집어넣는 핵 치환을 통해 만들어졌다. 이른바 '복제'에 좀 더 가까운 상태를 실현했다고 할 수 있다. 핵 치환을 할 때는 난자에서 핵을 제거했기 때문에 그것은 반수(n)의 생식세포가 아니고 수정란도 아니다. 그리고 핵을 제거한 난자에 자신의 피부에서 떼어 낸 체세포, 또는 체세포에서 빼낸 핵을 집어넣으면 2n의 DNA를 갖는 세포가 된다. 이 세포가 배반포 단계까지 분열하게 되면 그 내세포괴에서 줄기세포를 분리할 수 있다.

하지만 문제는 바로 온전히 전체 기관으로 발생하도록 프로그램된

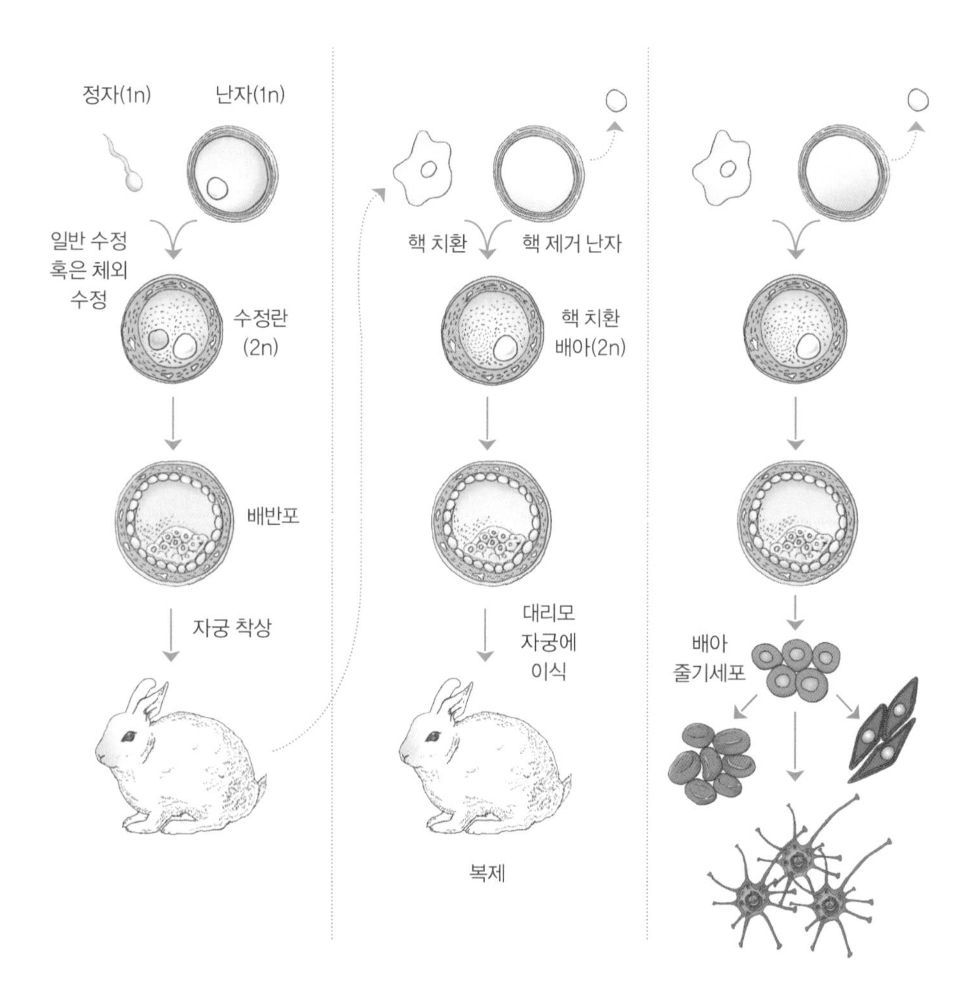

핵 치환 nuclear transfer

시험관 수정이나 인공 수정 등 난자와 정자 같은 생식세포를 이용하여 인공적으로 생식을 유도하는 방법은 이미 우리 생활 가까이에 와 있다. 하지만 체세포의 핵을 꺼내 다른 난자에 집어넣는 핵 치환 기술이나 줄기세포 추출은, 하나의 수정란이 3조 개에 가까운 세포로 분화하여 모든 기관을 다 갖춘 인간이 될 때까지의 과정에 비하면 극히 일부분일 뿐이다.

수정란의 DNA와 이미 피부 조직 같은 특정한 기관으로 분화된 체세포 DNA의 내용이 같지 않다는 데 있다. 과학자들 가운데는 수정란의 DNA와 분화된 체세포의 DNA는 분자생물학적 관점에서 다르기 때문에 유전자 발현을 통한 세포의 생성·노화·소멸 주기에 대한 설계 역시 다르다고 이야기하는 사람도 많다. 실제로 돌리처럼 핵 치환 기술로 만든 복제 동물들의 경우, 아주 빨리 노화했다는 보고도 있었다.

또한, 하나의 수정란 세포가 모든 기관을 다 갖춘 인간이 될 때까지의 과정은 결코 앞의 그림처럼 단순하지 않다. 정자와 난자가 만나 수정을 한 뒤, 한 개의 세포가 계속 세포 분열과 분화를 거쳐 발생이 이루어져 갓 태어난 아기는 3조 개에 가까운 세포를 가진다. 한 개에서 3조 개가 되는 엄청나게 길고 복잡한 분화의 과정이다.

우리는 이 가운데 핵 치환이나 줄기세포 추출 같은 극히 일부분만을 알아냈을 뿐이다. 그런데 벌써 핵 치환된 난자에서 바로 인공 장기를 만든다거나 복제 인간을 만든다고 이야기하는 사람들이 있다. 아직은 허무맹랑한 이야기다.

줄기세포 연구의 현주소

배아 줄기세포 연구가 어느 정도 수준까지 와 있고, 어디에 어떻게 활용할 수 있을지에 대해서는 꼼꼼하게 과학적으로 따져 보고, 장밋빛 환상을 품지 않도록 주의해야 한다. 더불어 배아 줄기세포를 연구하는 과정 역시 제대로 짚어 봐야 한다.

어떠한 방식을 택하더라도, 배아 상태에서 줄기세포를 얻기 위해서는 반드시 난자가 필요하다. 그런데 그 난자는 어떻게 얻을까? 혹시 임신이 되지 않아 인공 수정을 하려는 사람들이 엄청나게 고통스러운 과정을 거쳐 난자를 채취한다는 이야기를 들어본 적이 있는가?

특별한 문제가 없다면 여성은 생리 주기마다 양쪽 난소에서 번갈아 단 한 개의 난자를 배란한다. 그런데 난자를 인공적으로 얻기 위해서는 한 번의 시술로 많은 난자를 채취한다. 이를 위해 배란을 억지로 억제시켰다가 한꺼번에 많은 난자를 얻기 위해 호르몬 주사를 놓아 과過배란을 유도한다. 그러고 나서 질식 초음파transvaginal ultrasound를 통해 난자가 성숙하는 과정을 지켜보다 난자가 성숙되어 배란이 가까워 오면 마취를 하고 체내에 긴 꼬챙이를 넣어 과배란된 난자를 채취한다. 보통 2~3주 정도 걸리는데, 그동안 매일 호르몬 주사를 맞고 마취, 출혈, 통증을 감수해야 한다. 때로는 과배란을 유도할 때 부작용이 나타나 난소 비대, 복통, 복부 팽창, 복수 등 난소 과過자극 증후군 등이 발생하기도 한다. 꽤 길고 고통스러운 과정이다. 난자 채취나 제공 전에 이러한 과정을 제대로 알렸다면 난자를 제공할 사람은 그리 많지 않겠다 싶을 정도이다.

이 기술은 200여 년 전에 실험실에서 생쥐를 대상으로 개발돼 지

이제 줄기세포는 건드리지 말아야 할 금기의 영역인가?

똑같은 유전자를 가진 세포가
어떻게 다른 기관으로 만들어질까?

생식세포와 체세포를 이용하는 복제는 얼마나 다른 것일까?

줄기세포는 결국 암세포와 마찬가지일까?

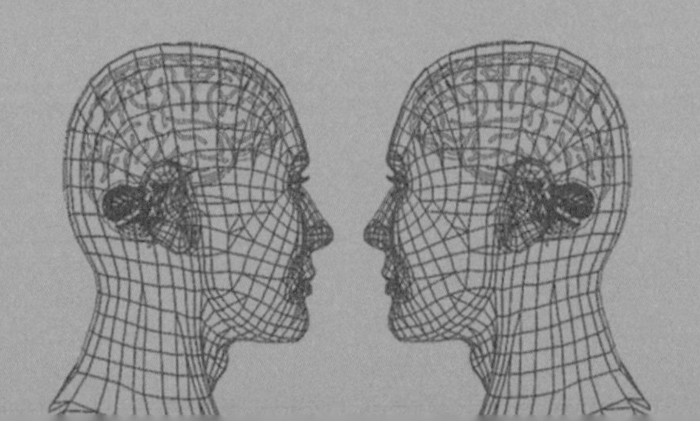

금까지도 많이 쓰는 방법이다. 하지만 이 기술을 사람에게 쓰기 위해서는 그만큼 절실한 요청이 있어야 하며 실행에 옮기기 전에 윤리적인 문제 역시 충분하고도 진지하게 고민되어야 한다.

또한 줄기세포 연구에 대해 고민을 할 때 한 가지 더 고려해 볼 만한 가능성이 있다. 분화가 다 이루어진 우리 몸(성체)에는 성체 줄기세포라는 것이 약간 있다.

혈액세포만을 따로 만들 때 골수에서 채취하는 조혈모세포가 그 좋은 예이다. 드라마에서 자주 봤던 백혈병 환자들이 받는 골수 이식 수술은, 백혈병에 걸린 사람에게 방사선을 쬐어 혈액암세포를 다 제거하고 나서, 면역 거부 반응을 일으키지 않는지 적합성 테스트를 통과한 골수를 이식하는 수술이다. 이렇게 이식한 골수 안에 있는 조혈모세포가 바로 성체 줄기세포이다. 이 조혈모세포는 혈액을 구성하는 림프구, 그 밖의 여러 가지 혈액세포를 다 만들어 낸다. 골수 이식 수술은 이미 오래전부터 시술되어 왔고, 많은 과학자들은 피부, 근육, 신경 조직, 췌장 등 다른 장기에 있는 성체 줄기세포 역시 조혈모세포처럼 실제 치료에 활용될 수 있으리라고 본다.

성체 줄기세포는 이미 분화된 기관에 있는 세포이기 때문에, 당연히 배아 줄기세포에 비해 분화 능력이 한정돼 있다. 하지만 성체 줄기세포는 난자를 사용하는 배아 줄기세포와 달리 생명 윤리 논란에서 자유롭다. 또한 난치성 근육병, 화상으로 없어진 피부의 재생, 손상된 신경계를 치유할 수 있을지도 모른다.

그런데 성체 줄기세포도 의학에 제대로 응용하기 위해서는 넘어야 할 산이 높다. 줄기세포라면 모두 갖고 있는 희한한 특징 때문이다.

암세포를 닮은 줄기세포

줄기세포의 분열 과정은 일반 세포와는 다르다. 천천히 분열하며 비대칭 분열asymmetrical division과 대칭 분열을 한다고 생각되는데, 사람의 줄기세포의 경우, 그 메커니즘은 아직 확실하게 밝혀지지 않았다. 이 줄기세포의 자기 증식self-renewal 과정은 두 갈래로 이루어지는 비밀스러운 특징을 갖고 있다. 하나는 자기 자신의 줄기세포를 만들어 자기 복제하는 과정이며, 다른 하나는 특정한 기능을 가진 기관으로 분화하는 전이-증식 세포transit-amplifying cell를 만드는 과정이다.

또한, 특정한 환경이 그 분열 과정에 영향을 끼친다는 보고도 있다. 즉, 세포 분열을 할 때 특정한 장소에 가까이 붙어 있는 쪽이 줄기세포가 되고, 붙어 있지 않은 쪽은 분화 가능한 세포transit-amplifying cell가 된다는 니치niche 개념이다.

이러한 니치 이론에는 줄기세포가 갖고 있는 중요한 세포생물학적인 특징이 담겨 있다. 즉, 줄기세포는 천천히 두 갈래로 분열하기 때문에 아주 적은 수를 유지할 수 있는 것이다. 그렇지 않고 줄기세포 숫자가 너무 많아진다면 늙지도 않고 끊임없이 분열하면서, 특정하게

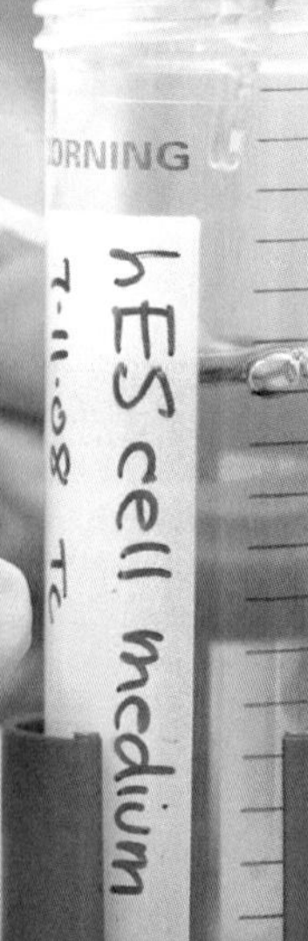
hES cell medium
7-11-08 TC

분화할 수 있는 세포를 무한대로 만들어 낼 테니, 쉬지 않고 증식하는 암이 발생할 것이다.

실제로 암세포와 줄기세포는 많이 닮았다. 우리 몸에 무시무시한 불청객인 암이 어쩌다 하늘에서 뚝 떨어진 병이 아니라, 줄기세포처럼 발생과 관련되어 몸의 기능을 조절하는 신호에 문제가 생겼을 때 나타나는 병이 아닐까 추측할 수 있는 대목이다.

사람의 유전자 끄트머리에는 세포 분열을 할 때마다 조금씩 짧아지는 텔로미어telomere라는 부분이 있다. 계속 짧아진 텔로미어는 결국 더 이상 세포가 분열하지 못하도록 세포 주기를 중지시키라는 신호를 보낸다. 이것이 바로 세포 노화의 원인이다.

그런데 늙지 않고 계속 분열하는 암세포와 줄기세포는 둘 다 텔로미어가 보호되고 있으며 텔로미어 길이를 유지하는 데 필요한 텔로머라아제라는 효소가 발현되고 있어, 늙지 않은 채 죽지 않고 계속 살 수 있다. 바로 이것이 줄기세포와 암세포가 닮은 대목이다.

예를 하나 들어 보자. 아무리 항암 치료를 해도 자꾸 재발하는 경우가 흔하다. 대부분 항암 치료는 결국 빠르게 분열하는 암세포를 죽이는 치료인데, 이런 항암 치료에 저항성을 가진 세포가 한두 개라도 살아남으면 그들이 또 분열하여 암이 재발한다고 보는 견해가 많다. 천천히 분열하고, 적은 수로 다른 분화된 세포들을 만들어 내는 이러한 세포들의 특징이 줄기세포와 비슷해서 "암 줄기세포"라고 부른다.

이에 최근 의학계에서 몇몇 연구자들은 이 암 줄기세포를 분리하여 그 특성을 연구한 뒤, 암 줄기세포만 정확하게 죽이는 항암 요법을 개발하려고도 한다. 암세포와 줄기세포는 참 많이 닮았다.

암세포와 줄기세포가 닮아서일까? 성체 줄기세포를 이용하여 세포 치료를 할 때, 암이 발생하는 치명적 부작용도 많이 생긴다. 또, 배아 줄기세포를 배양하다 보면, 배아 암세포embryonic carcinoma가 되는 경우를 흔하게 볼 수 있다. 즉, 보통 줄기세포가 가진 유전자 기능이 그대로 유지되지 않고, 유전자 돌연변이가 많이 생기고, 염색체 개수도 변한, 암이 되어 버리는 것이다.

다른 예를 하나 더 살펴보자. 몇 년 전 우리 사회를 들썩이게 한 줄기세포 논란 때 언론에서 테라토마teratoma라는 말을 많이 들을 수 있었다. 보통 암은 한 가지 종류의 세포가 무한 증식하는 데 비해, 뼈, 신경, 치아 등 다양한 기관으로 완전히 분화를 마친 세포와 조직이 한데 모여 있는 것이 바로 테라토마다. 어원을 따져 보면 "괴물 같은 종양"이라는 뜻이라니, 그야말로 온갖 세포와 조직이 모여 있는 모양새에 딱 들어맞는 말이다.

그런데 이 테라토마는 배아 줄기세포가 다른 모든 기관으로 분화할 수 있는지 그 줄기세포의 능력stemness을 검증하고자 할 때 쓰인다. 몇 년 전에 그토록 많이 얘기됐던 이유이다. 면역 거부 반응을 일으키지 않도록 조작된 생쥐에게 배아 줄기세포를 심어 주고 테라토마가 생기는지 보면 된다. 테라토마가 생긴다면 전분화능totipotency이 있으므로 줄기세포로서 일단 합격이다.

이 테라토마는 보통 어린이의 정소나 난소 같은 생식 기관에 많이 나타나는데 나중에는 없어진다고 하지만, 어쨌든 테라토마는 분명히 종양이고 암세포의 성격을 지닌다. 그런데 이 사실은 잘 이야기되지 않았다. 즉, 테라토마를 만들 수 있는 이 세포를 계속 증식시키거나 환자에게 투여했을 때 암세포의 특성을 많이 가지고 있는 이 세포들은 암을 발생시킬 확률이 매우 높은 것이다. 이러한 이유 때문에 줄기세포 치료술에 대해서 아직 회의적으로 보는 사람들도 많다.

그렇다 하더라도 줄기세포 연구는 매우 매력적이다. 분화된 세포와 다른 방식의 분열을 한다는 사실, 자가 증식을 한다는 사실, 매우 적은 숫자가 용케도 유지되는 비결이 있다는 사실, 조혈모세포의 니치를 바꿔 근육에 집어넣었더니 이형분화transdifferentiation하여 근육으로 분화했다거나, 피부 줄기세포에 단 4개의 특정 유전자들(Oct2, Klf4, Sox2, c-Myc)을 집어넣었더니 유도된 배아 줄기세포iPS, induced pluripotent stem cell가 나왔다는 보고들은 분명, 생명의 신비를 알고자 하는 과학자를 흥분하게 만든다.

중세 연금술사가 금속을 금으로 만들겠다며 찾아 헤맨 '현자의 돌', 엘릭시르elixir는 분명 인간의 욕심이 낳은 환상이었다. 알면 알수록 더 많은 것을 모르겠다고 고백할 수밖에 없는 것이 바로 과학이다. 현재 우리가 줄기세포에 대해 알고 있는 내용은 우리가 암에 대해 알고 있는 내용과 비교해 봐도 그저 빙산의 일각 정도이다.

50년이 넘도록 그 정체를 온전하게 내놓지 않고 있는 수정란 발생의 비밀, 그 유전자 발현의 오케스트라. 줄기세포의 특징들이 어느 정도 규명이 되지 않고서는 배아 줄기세포든 성체 줄기세포든 그 유전자들을 조작하여 난치병을 치료한다는 망상은 일단 뒤로하는 것이 옳다. 소위 유전자 조작은 외부 유전자를 삽입하여 유전체의 안정성을 흩뜨리는 일이기에 어떤 형태든 암을 일으키는 단초를 제공할 뿐이다. 사람은 실험의 대상이 아니다.

인간 본성이 과학으로 설명될까?

HUMAN

망가진 뇌가 시킨 도덕적 판단은 무죄인가

일란성 쌍둥이의 성격은 똑같을까

이익 없는 공생 관계도 있을까

HUMAN 01

망가진 뇌가 시킨 도덕적 판단은 무죄인가

이정모

도덕성은 뇌에 각인되어 있을까?

Is morality hardwired into the brain?

지금까지 많은 사람들이 도덕성은 인간 본연의 심성인지, 혹은 사회문화적 산물인지 다양한 의견을 제시해 왔다. 그리고 20세기 이후에는 하나의 질문이 더 얹어지게 되었다. 과연 뇌와 도덕성이 어떠한 관련이 있는가 하는 질문이 그것이다. 더구나 인지과학 분야의 다양한 실험을 통해 '인간적인' 결정을 할 때 활성화되는 뇌의 부위가 따로 있다는 사실을 알아내기도 했다. 도덕성을 관장하는 뇌의 영역이 있다고 한다면 우리는 더욱 많은 딜레마 상황을 맞닥뜨릴 수밖에 없을 것이다.

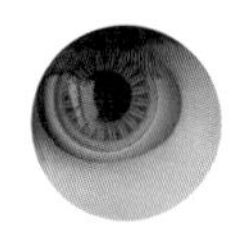

도덕에 관심을 갖기 시작한 과학

우리는 초등학교 때부터 도덕이라는 과목을 수년간 배워 왔다. 그런데 돌이켜 생각해 보면, 도덕 시간에 무엇을 배웠고 그것이 오늘의 나에게 얼마나 영향을 주고 있는지, 그렇게 수많은 학생이 수년 동안 도덕을 배웠음에도 왜 예나 지금이나 사회는 도덕적으로 많은 문제를 지니고 있는지 의문이 들기도 한다. 더 나아가, 과연 도덕이란 무엇인지, 예부터 변하지 않는 절대적 도덕적 기준은 있는 것인지 하는 물음도 생긴다.

사실 도덕의 문제는 전통적으로 철학, 윤리학에서 다루는 주제라고 할 수 있다. 그런데 20세기 후반 들어 정의나 선악 같은 인간의 도덕, 그와 관련된 행동 특성에 대하여 생각하는 관점이 변하기 시작하였다. 왜일까?

도덕적 규칙이 인간의 마음속에서 어떻게 형성되는지, 진화적으로 어떻게 발달하였는지, 도덕적 상황에 대하여 사람들이 어떻게 사고하는지, 정서가 도덕적 사고에 어떤 영향을 주는지, 공감, 이타심, 도덕적 자아는 어떻게 형성되는지, 성차별처럼 성별과 관련된 윤리와 도덕적 개념은 어떻게 보아야 하는지 등의 질문이 인지과학과 연결된 틀에서 다시 제기되기 시작한 것이다. 이러한 문제는 인간 본성이나 행동의 타당성 같은 철학, 윤리학의 테마라기보다는, 도덕적 추리, 판단, 결정의 문제이고 이는 인지과학의 문제이기 때문이다.

자연히 인지과학은 전통적인 인지심리학, 인간의 도덕적 사고와 행동의 발달을 다루는 인지발달심리학, 집단 내에서의 개인이나 집단 사이의 도덕적 행위의 문제를 다루는 인지사회심리학, 그 밖에도 다양한 학문과 연계하여 도덕의 문제를 다루기 시작하였다.

특히, 도덕이 뇌와 얼마나 밀접하게 연관되어 있는지 그 생화학적인 메커니즘을 밝혀내려고 한 신경과학자들의 연구가 관심을 끌었다. 점차 신경과학은 인지과학, 진화심리학, 동물행동학 등과 연계하여 인간의 도덕적 사고와 행동의 신경적 특성을 밝히고 이를 동물의 특성과 비교하게 되었고, 신경윤리학이라는 영역도 대두하였다.

도덕은 신경과학으로 설명될 수 있을까?

도덕성이 태어날 때부터 뇌에 심어져 있는지, 도덕성이 뇌의 신경생화학 과정에 얼마나 의존하는지에 대한 연구는 주로 인간의 정서적 행동, 사회적 행동을 관찰하는 연구 중심으로 이루어졌다.

이러한 연구를 촉진한 것은 1980년대 등장한 진화심리학 이론의 영향도 있었지만, 더 직접적인 것은 1990년대 중반의 다마지오Damasio 팀이 했던 '인지와 정서와의 관계' 연구였다. 다마지오 팀은 인지와 정서는 서로 독립적이지 않고 서로 밀접하게 연결되어 있으며, 이성적 추리 사고는 정서적 기반 위에서 이루어짐을 실험을 통하여 보여 주었다. 인간이 효율적으로 적응하기 위해서, 정서적 기반 위에서 인지가 진화적으로 발달하였음을 보여 주었다고 할 수 있다.

이후에도 도덕성에 관한 실험들이 여러 차례 시행되었는데, 이 실험들에서 사용한 질문들은 흔히 철학 시간에 도덕적 판단과 관련하여 던져지는 대표적인 것들이었다.

1. 당신이 철로에서 선로를 바꾸는 스위치 옆에 서 있고 화물차가 달려오고 있다. 그냥 두면 선로A 위에 있는, 화물차가 달려오는지를 모르는 5명의 사람은 치여 죽을 것 같다. 그런데 스위치를 잡아당겨 다른 선로B로 화물차가 가도록 바꾸어 준다면 5명은 살릴 수 있지만, 선로B에 있는 한 사람이 죽을 수도 있다. 당신은 스위치를 당겨 선로를 바꾸겠는가, 안 바꾸겠는가?

2. 위와 비슷한 상황이다. 단지 차이점은 선로를 바꾸는 스위치가 없고, 대신에 당신 옆에 서 있는 덩치 큰 사람을 선로A로 밀어 넣으면 비록 그는 죽지만, 화물차를 멈추게 할 수 있고 따라서 5명은 살릴 수 있다. 그 한 사람을 밀겠는가, 안 밀겠는가?

이런 물음은 도덕적 판단을 하게 만든다. 사실 1번이나 2번 질문이나 어떤 문제를 선택하든 마찬가지의 희생을 야기시킨다. 그런데 대부분의 사람은 1번 질문을 받으면 한 사람을 희생하더라도 5명을 살리기 위해 선로를 바꾸는 스위치를 잡아당기겠다고 답한다. 반면 2번 질문을 받은 사람은 선로를 막기 위해 그 덩치 큰 한 사람을 밀어 넣지는 못하겠다고 답을 한다. 그럴 경우 5명이 죽는데도 말이다. 같은 결과를 가져오는 두 질문에 대해서 사람들의 반응이 이와 같이 다르다는 것이 철학자들에게는 골치 아픈 문제였다.

프린스턴 대학교 심리학과 대학원 학생이던 죠슈아 그린Joshua D. Greene은 두 가지 딜레마 상황에서 피험자들의 뇌의 반응 영상을, 뇌의 부위별 활성화 정도를 잘 보여 주는 fMRI로 측정하였다.

그 결과, 도덕적 판단에는 상황에 따라 두 가지 서로 다른 처리 과정이 있다는 사실을 발견하였다. 즉, 덩치 큰 사람을 선로로 밀어 넣음으로써 자신의 행동이 직접 부정적 정서를 유발할 수 있는 2번 상황에서는 정서와 사회적 인지를 담당하는 후측대상회, 복내측전두엽, 상측구 부위가 더 활성화되었고, 비교적 실용적인 결정을 하기 쉬운 1번 상황에서는 추상적 추리 및 문제 해결 등의 인지적 통제를 담당하는 배외측전전두엽 부위가 더 많이 활성화되었다. 도덕적 결정 상황이 달라짐에 따라, 이성 쪽 기능을 담당하는 뇌 부위와 정서 쪽 기능을 담당하는 뇌 부위가 서로 다르게 작동하며 관여한다는 뜻이다.

다른 연구 결과에 의하면, 이마 뒤쪽에 있는 복내측전두엽이 손상되어 정서와 사회적 인지 쪽에 문제가 있는 환자는 2번 상황에서 주저하지 않고 한 사람을 희생하는 쪽으로 결정하는 경향을 보였다. 그러한 경향성은 복내측전두엽이 손상 안 된 사람보다 두 배나 더 강하였다.

그들은 전체를 위한다면 선로에서 한 사람쯤 희생하는 일은 문제도 아니고 당연하다는 듯 반응하였다. 예를 들어, 나치를 피하여 유대인들이 숨어 있는데, 아이가 울면 전체를 위하여 그 아이를 질식사시킬 것인가, 말 것인가라는 문제 상황에서, 그들은 질식시키겠다고 쉽게 답하였다. 복내측전두엽이 손상된 그들은 평범하고, 말수가 많고 지적 능력도 높지만 사회적으로는 미묘한 사회적 단서나 정서의 들고남에 무덤덤하며 대인관계에서도 원만하지 못하였다.

이러한 실험 결과들을 바탕으로 학자들은 도덕적 판단을 할 때에 두 개의 뇌 시스템이 작용한다고 보았다. 하나는 사회적 정서를 담당하는 복내측전두엽 시스템이고, 다른 하나는 냉철하게 객관적으로 이득과 손실을 분석하는 다른 전전두엽 시스템이다. 진화 단계로 봤을 때, 동정이나 공감 같은 사회적 정서를 담당하는 복내측전두엽은 보다 추상적인 분석과 계획을 담당하는 다른 전두엽 부위보다 비교적 더 오래된 부위이다. 따라서 이 실험 결과는 인간의 도덕감이 뇌의 신경생물학적 구조에 뿌리를 두고 있음을 지지하는 증거로 해석할 수도 있다.

The Post and Courier

WEDNESDAY

Founded 1803 ★ 50 cents

'Courageous'

QUESTIONS

'인간적인' 결정을 할 때 활성화되는 뇌의 부위가 따로 있을까?

다른 문화의 사람들이 도덕적 질문에 대해
비슷한 방식으로 정보 처리를 할까?

도덕적 사고는 태어날 때부터 뇌에 심어져 있을까?

뇌 손상으로 인한 범죄에 대해 죄를 물을 수 있을까?

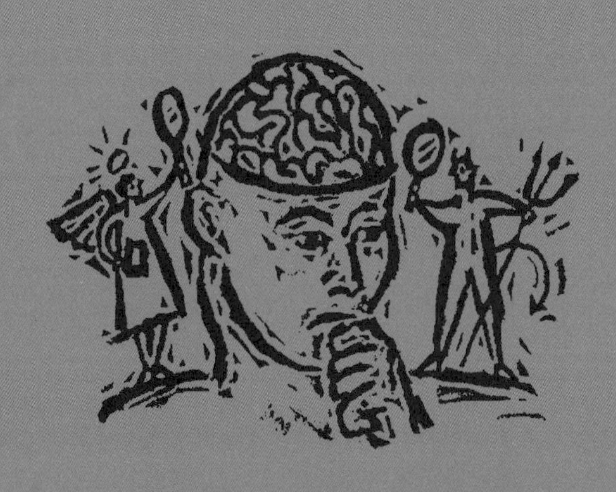

또 미국 국립보건연구소의 몰Moll과 그래프먼Graffman 박사의 뇌 영상 연구에 의하면, 사람들은 타인의 이익을 자신의 이익보다 우선하는 이타적 결정 행위를 할 때와 자신의 이익을 우선시하는 결정 행위를 할 때에 다른 뇌 부위를 가동한다. 더 중요한 점은 이타적 결정 행위를 할 때 가동되는 뇌 부위가 바로 평상시에 음식과 성에 반응하는 그 뇌 부위라는 것이다.

결국 이러한 실험 결과는 이타적 도덕적 행위가 자기 이익을 억압하는 고고한 정신 기능이 아니라, 바로 생득적이며 기본적인 충동, 감정과 연결되었다는 점을 시사한다. 진화의 측면에서 봤을 때 도덕성은, 오랫동안 인간에게 있어 온 뇌의 신경생물학적 뿌리에, 뇌의 보상센터와 같은 부위의 작동에 바탕을 두고 있다고 할 수 있다.

도덕은 사회문화적 산물이 아니다?

도덕적 생각의 생득설을 주장하는 학자들은 도덕 규칙들을 잘 받아들이고 도덕적 사고를 발달시킬 수 있는 능력이 선천적으로 태어날 때부터 주어진다고 주장한다. 반면에, 문화적 영향을 강조하는 학자들은 어떤 문화 속에서 태어나고 자랐는지가 도덕적 사고와 행동에 중요한 영향을 끼친다고 말한다. 최근의 심리학적 연구에 의하면 도덕적 사고가 단순히 논리적이고 이성적 판단에 좌우된다고 하기보다는 감정에 크게 의존하여 진행되는 직관적이고 비이성적 사고인 경우가 많다고 한다.

과연 우리의 도덕적 사고는 사회문화적 경험적 산물일까 아니면 태어날 때부터 뇌에 심어져 있을까? 현재의 과학적 증거들은 사회문화적 영향 쪽에 더 기운 것 같지만 진화 관련 연구들은 그렇지 않을 가능성도 제시하고 있다.

또한 최근에 몰 박사 팀은 새로운 이론을 제시하였다. 도덕적 판단에 관여하는 뇌 부위는 전전두엽, 정서적 변연계, 상측구, 이렇게 3가지 시스템이라는 이론이다.

전전두엽은 도덕적 가치, 사회적 상호작용, 기대되는 결과 등에 대한 정보를 저장하며, 정서적 변연계는 우리의 행동 선택이 갖게 될 보상 가치를, 상측구는 도덕적 장면과 연관된 환경 자극을 맞닥뜨렸을 때 거기에서 정서적, 사회적, 기능적 정보를 추출한다는 것이다. 예를 들어, 고아 소녀의 사진을 봤을 때, 전전두엽은 그 소녀가 겪을 삶을 예측하고, 상측구는 소녀의 얼굴과 몸짓에서 슬픔과 무기력함을 읽어 내며, 정서적 변연계는 슬픔과 불안과 애착의 정서를 일으키는 역할을 한다는 뜻이다.

이렇듯 도덕성은 뇌의 생물적 특성과 깊게 연관되어 있다. 하지만 뇌의 어느 특정 부위가 어떤 정서와 관련이 있고 어떤 도덕적 판단에 관여하는지, 좀 더 세세한 메커니즘에 대해서는 아직까지 밝혀낸 점이 거의 없다. 이러한 메커니즘이 밝혀진다면, 윤리에 관한 철학적 교육과 연구 틀은 지금과는 완전히 달라지고, 가정이나 초등학교에서 도덕과 관련하여 아이들을 가르치는 방식 역시 많이 달라질 것이다.

또한 이러한 상상을 해 볼 수도 있지 않을까. 예를 들어, 개인의 뇌-행동 반응 특성을 고려해서 법률가나 배심원을 선발하거나, 뇌 손상으로 사회적 감정이입이 안 되어 사회적 규범을 어기거나 범죄를 범한 개인을 처벌보다는 치료를 하는 경우 말이다.

도덕은 분명 뇌의 활동과 깊게 연관되어 있지만, 전적으로 뇌의 특성에 의해 결정된다고 쉽게 단정할 수는 없다. 아직까지는 생물학적 메커니즘만으로는 뇌를 설명하지 못하는 부분이 많으며, 개개인의 문화사회적 환경요인에 의하여 결정되는 부분도 상당히 크다는 연구 결과 역시 많기 때문이다.

또한 최근에는 뇌내 신경 과정으로서의 인지를 넘어서서 뇌, 몸, 환경이 총합된 것으로 보는 경향도 많다. 결국 앞으로 도덕성에 대한 연구는 뇌의 신경 정보 특성과 사회심리적, 인지심리적, 진화생물적, 진화심리적, 인지인류학적 연구, 게임 이론 연구, 도덕의 문제를 오랫동안 중심 주제의 하나로 다루어 온 철학 등이 더 밀접히 연결되지 않으면 절름발이 결과만 낳을 수도 있지 않을까 한다.

HUMAN 02

일란성 쌍둥이의 성격은 똑같을까

이정모

성격은 유전자와 얼마나 연관이 있을까?

How much of personality is genetic?

포악한 성격은 대물림이 될까? 사람의 성격과 기질을 과학의 힘으로 바꿀 수 있을까? 일란성 쌍둥이는 비슷한 성격을 가질까? 누구나 한 번쯤 해 봤을 법한 질문이다. 지금까지 이루어진 연구 결과에 따르면 성격은 유전자의 영향을 받지만 환경 역시 유전적인 영향을 수정한다고 하며, 이 둘의 상대적인 공헌도의 차이는 아직도 논쟁 중이다. 특정한 기질을 만들어 내는 특정한 유전자가 있다면 과연 어떤 사회가 될지 누구도 알 수 없을 것이다.

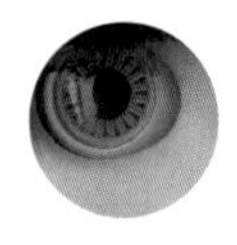

혈액형과 성격

언제, 어디서, 어떻게 시작됐는지는 알 수 없지만, 네 가지 혈액형에 따라 사람의 성격을 나누는 사람을 주변에서 심심찮게 볼 수 있다. 심지어는 애인을 사귀거나 결혼할 때에도 자기에 맞은 혈액형을 찾아 사귀거나 결혼해야 한다는 얘기까지 들린다. "이기적인 B형 남자와 소심한 A형 여자의 아슬아슬한 연애 모험담"이라는 카피를 단 영화까지 나올 정도니 꽤 많은 사람들이 이런 성격 구분법에 관심을 갖고 있음을 쉽게 무시할 수는 없는 듯하다.

하지만 혈액형에 따라 성격을 구분하는 논리대로라면 지구상 66억 명 사람들을 A, B, AB, O형의 네 가지 혈액형으로 나눌 수 있고, 혈액형에 따라 같은 성격을 가진 약 18억 명의 사람들 네 그룹만 지구상에 살고 있다는 어처구니없는 계산이 나온다. 물론 극히 희소한 다른 혈액형은 제외하고 말이다.

이러한 사실은 사람들이 갖고 있는 상식이나 통념이 얼마나 비과학적일 수 있는지를 잘 보여 주기도 하지만, 한편으로는 같은 시대에 살고 있는 사람들이 성격, 개성에 대해 얼마나 관심이 많은지 반영하기도 한다.

이러한 현상을 보니, 왜 우리는 어처구니없게도 다른 사람의 성격을 무 자르듯이 네 개로 나누려고 하는지, 왜 그토록 다른 사람의 성격에 관심을 갖는지 궁금해진다.

왜 성격에 관심을 가질까?

왜 우리는 일상생활에서 나와 다른 사람의 성격을 문제 삼거나 알려고 할까? 가장 먼저 생각해 볼 수 있는 이유로는, 어떤 사람이 한 행동의 원인을 알아내고자 하는 심리를 들 수 있다.

어떤 사람이 꼬박꼬박 학교에 간다고 하자. 물론 그 이유가 단순히 부모의 강요나 학교의 규율 같은 외적 요인 때문이라면, 그 사람에 대해 얼마나 아는지와 그 행동의 원인은 관계없다. 반면, 그러한 행동을 한 이유가 외적 요인이 아니라면, 그 행동의 원인은 그 사람의 욕구, 버릇, 능력 같은 내적 요인일 것이다. 결국 좀 더 다양하게 그 사람에 대해 알아야지 '꼬박꼬박 학교에 가는' 행위의 원인을 밝힐 수 있다. 욕구, 버릇, 능력 등은 내가 어쩔 수 없는 외적 요인이 아니라, 내가 대하고 있는 상대방 자신이기 때문이다.

성격을 문제 삼는 또 다른 이유 역시 첫 번째 이유와 맞닿아 있다. 그 사람, 혹은 나 자신의 행동, 생각 등에서 일관성, 연속성을 파악하려 하기 때문에 성격에 관심을 갖는 것이다. 누군가 모든 시간, 공간, 상황에서 일관된 방식으로 예나 다름없이 행동한다면, 더 나아가 앞으로도 그렇게 행동하리라고 예상할 수 있다면 당연히 판단은 한결 쉬워지지 않을까? 어떤 사람과 사귈지, 결혼할지, 같은 직장에 다닐지 같은 문제를 맞닥뜨렸을 때 예측할 수 있는 변수가 있다면, 당연히 문제를 판단하고 결정하고 적응해 나가는 데 꽤 도움이 될 테니 말이다.
또한, 인지적 경제성을 들 수 있다. 다르게 풀어 보면, 어떤 사물, 사람을 파악할 때 좀 더 손쉽게, 경제적으로 그 대상에 대한 정보를 처리한다는 뜻이다. 예를 들어, 어떤 한 사람을 외향적 성격의 사람이라는 틀로 분류할 수 있다면 그 사람에 대하여 다른 시시콜콜한 내용은 모르고 있어도 그 사람이 상황에 따라서 어떻게 행동할지 좀 더 쉽게 예측할 수 있다. 이러한 성격 규정은 그 사람의 일반적 특성들에 대한 하나의 요약인 셈이고, 이것은 그 사람에 대하여 많은 것을 알거나 정보 처리할 필요 없이 쉽게 상대할 수 있도록 해 준다.

이러한 성격이 외부 환경에 의해서만 만들어진다면 어떨까? 좋은 성격은 좋은 환경에서 나오고 안 좋은 성격은 안 좋은 환경에서 나오니, 누군가 어떤 행동을 했을 때 그 원인과 책임은 결코 당사자에게 있지 않고 외부 환경 탓만 하면 된다. 이럴 경우, 성격이란 외부 환경에 따라 시시각각 바뀌는 것이 되며, 따라서 성격을 개인의 고유한 특성으로 여기기는 쉽지 않다.

이러한 가설이 맞는다면, 사람은 백지 상태로 태어나고, 성격은 자라면서 계속 변하고 만들어질까? 태어날 때부터 갖고 있는, 부모로부터 물려받는 특성은 전혀 없을까?

학자들 역시 외부 환경만으로 성격이 만들어진다는 이론에 의문을 품고, 성격과 유전이 어떠한 관련이 있는지 연구하기 시작했다. 특히 유전자 검사, 쌍둥이 연구, 입양아 연구 등을 통해 성격이 유전에 의하여 결정되는지 알아내려 했다. 그 가운데 먼저 쌍둥이 연구를 살펴보자.

유전자와 성격은 무관할까?

쌍둥이는 비슷한 성격을 가질까? 그렇다면 성격은 유전에 의하여 결정된다고 할 수 있을까? 미네소타 대학교의 부차르드Bouchard 교수 역시 이러한 의문을 갖고, 같은 난세포에서 태어나는 일란성 쌍둥이를 오랜 기간 동안 관찰해 보았다.

그 결과, 일란성 쌍둥이로 태어나서 어른이 될 때까지 자기에게 쌍둥이 형제가 있는지도 모르고 자라면서 한 번도 만난 적이 없는 쌍둥이가 같은 음료를 좋아하고, 같은 담배를 피우거나, 같은 종류의 차를 몰고, 취미도 같고, 직업도 같고, 같은 상표의 술을 마시며, 농담할 때 같은 말과 몸짓을 사용함을 알 수 있었다. 이 사례만 본다면 적어도 일란성 쌍둥이의 성격은 유전에 의해 결정된다고 결론을 내려도

되지 않을까?

이렇듯 유전에 의해 성격이 결정된다면, 둘의 성격은 어릴 때부터 어른이 돼서까지 쭉 같아야 한다. 그런데 연구 결과에 의하면, 다른 부모에게서 따로 자란 일란성 쌍둥이들은 어릴 때보다는 나이가 들어가면서 점점 더 비슷한 성격을 나타냈다. 즉, 유전적 요인에 의해서만 성격이 결정된다기보다는 그 아이들의 본래 특성을 최대한 살려주려는 부모의 노력에도 많은 영향을 받는다고 추측해 볼 수도 있다. 다르게 말하면, 후천적 양육 노력에 의하여 비로소 유전적 특성이 나타났다고도 볼 수 있다.

또한, 모든 일란성 쌍둥이가 같은 성격을 갖지는 않는다는 것을 보여 주는 다른 연구 사례들도 있다. 이렇듯 아직까지는 일란성 쌍둥이의 성격이 유전에 의해 결정된다고 쉽게 단정 짓기는 힘들다.

기른 부모와 낳은 부모, 쌍둥이와 입양아에 대한 앞의 연구가 가계도를 추적하면서 성격과 유전의 관계를 간접적으로 살펴봤다면, 어떤 특정한 유전자가 성격에 끼치는 영향을 살펴보는 연구도 있다.

한 연구에 따르면, 신기함을 좇는 호기심은 어떤 특정 유전자에 영향을 받는다고 한다. 신경 전달 물질의 하나인 도파민의 분비 수준을 결정하는 유전자로, 이 유전자가 작동하는 사람들은 도파민을 더 분비시키기 위하여 계속 더 새로운 경험을 추구한다는 것이다. 이 외에도, 텔레비전을 많이 본다든지, 이혼을 하기 쉽다든지, 재즈 음악을 좋아한다든지, 사형에 대하여 어떤 태도를 지닌다든지 할 때 각각 어

QUESTIONS

다른 사람의 성격에 관심을 갖는 것은
인지적 경제성 때문인가?

성격은 외부 환경과 전혀 무관한 것일까?

일란성 쌍둥이는 비슷한 성격을 가질까?

특정한 기질을 만들어 내는 특정한 유전자가 있을까?

신경과학기술을 이용해 기질을 통제할 수 있을까?

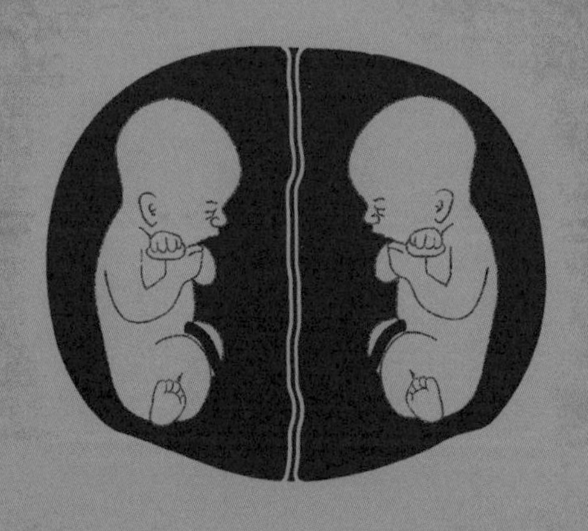

떤 특정한 유전자가 행동 성향을 결정하는 데 어느 정도 역할을 한다.

그러나 이러한 연구 결과를 보고, 텔레비전을 보는 행위를 어떤 특정 유전자가 단독으로 결정한다는 식으로 해석해서는 곤란하다. 텔레비전을 보는 행위에는 호기심을 포함해서 넓게는 시각, 청각 자극, 이야기, 재미 등 여러 요소들이 관여하고, 각각 요소들이 어우러져 텔레비전을 본다는 행위가 이루어진다. 이때 호기심에 영향을 주는 유전자, 청각이나 시각 자극에 민감하도록 만드는 유전자 가운데 하나가 잘 작동한다면 다른 사람보다 텔레비전을 많이 볼 가능성이 많아진다는 뜻이지, 어느 한 유전자가 텔레비전을 많이 보도록 만든다는 뜻은 아니라는 얘기다.

즉, 개인마다 성향과 관련된 수많은 유전자를 갖고 있고, 그 유전자들은 어떤 특정 행동 성향을 일으킬 가능성을 잠재적으로 지니고 있다고 할 수 있다. 그리고 이러한 유전자들은 각각 독립적으로 외부 환경과 상호작용하면서 여러 가지 성향들을 만들어 내고, 그 성향들이 모여 결국 한 개인의 성격을 만들어 내는 것이다. 따라서 한 개인의 성격을 결정할 때 실제로 개별 유전자가 끼치는 영향은 아주 작다고 할 수 있다.

오히려 한 개인의 성격을 만드는 데 중요한 요인을 알기 위해서는, 그러한 유전자가 발현되도록 어떠한 환경 요인이 작용하였는지, 그 외에 어떠한 다른 유전자의 영향을 받았는지를 살펴본다면 더 도움이 될 듯하다.

유전자 조작으로 기질을 통제할 수 있을까?

지금까지 살펴본 바에 따르면, 유전자는 성격을 직접 결정한다기보다, 도파민 분비 수준 같은 생물학적 과정에 영향을 줌으로써 성격을 결정하는 데 영향을 끼친다고 할 수 있다. 보통 이렇게 생물적 특성 때문에 나타나는 성격의 특징을 기질이라고 하는데, 심리학자 버스Buss 연구 팀은 기질에는 주로 활동성, 사회성, 정서성 같은 세 가지 요소가 있다고 한다.

활동성은 한 개인의 활력이나 행동의 강도, 빠르기 등을 뜻하며, 사회성은 다른 사람과 어울리기를 좋아하는 경향성을 뜻한다. 정서성은 당혹스런 상황에서 고통, 분노, 공포 같은 감정이 얼마나 강하게 일어나는지를 나타낸다. 즉, 이러한 세 가지 기질이 유전자에 의하여 결정되는 성격의 특징이라는 주장이다. 앞서 얘기한 쌍둥이들의 경우, 이란성 쌍둥이들에 비해 일란성 쌍둥이들이 정서성, 활동성, 사회성 면에서 훨씬 비슷하다고 얘기할 수 있다.

"세 살 버릇 여든까지 간다."는 속담이 있다. 이러한 표현은 보통 사람들이 기질을 어떻게 받아들이고 있는지를 잘 보여 준다. 다르게 표현하면, 유전자의 영향을 받는 기질이 어른이 되어서도 남아 있다는 이야기다.

실제로 뉴질랜드에서 신생아 때부터 21세까지 2년마다 기질들을 관찰한 연구가 있었다. 결과를 보니, 세 살 때에 통제가 잘 안 되는 기질을 보였던 아이들이 이십 대가 되어서도 그러한 기질을 유지하여 다른 기질을 가진 아이들보다 알코올 중독, 범죄, 자살 시도, 무직, 반사회적 경향이 꽤 높았다고 한다.

또, 자기 주변 사람들을 내향적/외향적 성격으로 구분하는 경우도 많은데, 최근 신경과학 분야에서 이루어진 연구들은 이를 이해하는 데 많은 도움이 된다. 옥스퍼드 대학교의 제프리 그레이Geffrey Gray 교수팀의 연구 결과에 따르면, 뇌의 'Go 체계'와 'Stop 체계'가 우리의 행동과 성격을 좌우한다고 한다.

Go 체계는 행동 접근 체계BAS, Behaviour Approach System라고 하는데, 보상에 영향을 많이 받는 체계이다. 외향적인 사람들에게 주로 강하게 나타나며, 도파민처럼 신경 흥분 전달에 중요한 물질의 분비를 조절하는 변연계, 기저핵 같은 뇌 부위들과 관련된다.

반면 Stop 체계는 행동 억압 체계BIS, Behaviour Inhibit System로 내향적인 사람들에게 강하게 나타나며, 뇌 부위 가운데 전전두엽, 편도체 등이 관여한다. 억제력이 없고, 사회적 환경 자극에 많이 좌우되어 사회적 판단에 이상을 보이며 많이 수줍어하는 사람들을 관찰해 본 결과 편도체가 과도하게 활동하고, 전전두엽이 손상된 사람은 사회적으로 부적응한 행동을 보였다고 한다. 즉, Stop 체계는 보상보다는 처벌의 가능성 중심으로 가동되는 뇌 시스템이라고 할 수 있다.

결국 이러한 Go 체계와 Stop 체계가 어느 정도의 비율로 영향을 끼치느냐에 따라 적극적인 사람이 될 수도 있고, 많이 수줍어하거나 체제나 다른 사람에게 순응적인 사람이 될 수도 있다는 주장이다.

지금까지의 얘기를 종합해 봤을 때, 몇 가지 조심스러운 그림을 그려 볼 수도 있다. 예를 들어, 기질 특성을 결정하는 여러 신경 전달 물질, 이 물질의 생성과 분비 정도를 결정하는 유전자에 대한 연구, 특정 행동 성향을 보이는 사람들에 대한 뇌 영상 연구, 행동유전학 분야의 연구가 활발히 이루어진다면, 어쩌면 〈마이너리티 리포트〉 같은 SF 영화 속 한 장면처럼, 생활 곳곳에서 사람들의 행동을 예측하여 사고나 범죄를 예방하게 될 날도 곧 오지 않을까?

또한, 성격과 유전에 대한 연구를 통해 밝혀낸 지식들이 과잉 행동이나 사회 부적응 등으로 당장 어려움에 처해 있는 많은 사람들에게 큰 도움이 되리라는 점 역시 간과할 수 없다.

하지만 기질의 생물학적 특성에 대해 많이 안다고 해서, 그 양에 비례해 성격의 본질에 대해 안다고 할 수는 없다. 〈마이너리티 리포트〉라는 영화만 봐도 알 수 있듯이, 성격의 본질과 관련해서는 윤리, 철학의 문제 역시 상당히 중요하기 때문이다.

따라서 성격을 좀 더 제대로 알기 위해서는 성격심리학, 사회심리학, 발달심리학 등과 연결되어 성격 특성을 보다 정교하게 규정하고 측정하는 이론 틀 역시 발전되어야 한다.

HUMAN 03

이익 없는 공생 관계도 있을까

이정모

서로 돕는 행동은 어떻게 진화되어 왔을까?

How did cooperative behavior evolve?

협동을 하는 것이 본성인지, 자기 이익을 챙기는 것이 본성인지에 대해서는 여전히 갑론을박을 하고 있는 게 사실이다. 어쨌든 협동을 수량화하고 각각 다른 환경에서 행동 결과를 예측하는 데 과학자들은 진화론적 게임 이론을 적용하고 있다. 이러한 게임에서 개발된 모델들은 여전히 불완전하지만, 복잡한 사회를 다스리는 규칙에 대해 조금 더 명쾌하게 알게 되기를 바라면서 많은 과학자들은 게임 이론을 점점 더 정교화하고 있다.

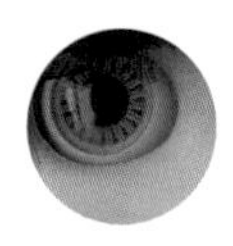

협동은 결과적으로 자신에게 도움이 될까?

충남 태안 앞바다에서 기름이 유출되는 큰 사고가 났을 때, 신문과 방송을 통하여 이 사실을 접한 사람들은 직접 그곳과 관련이 없는데도 불구하고 전국에서 모여들어 모두 힘을 합해 기름을 제거하려고 노력하였다. 몇 년 전에는 일본에 유학 중이던 한 한국인 대학생이 전혀 알지도 못하는 일본인이 전철역 철로 위에 떨어지자 그 사람을 구하기 위해 자신의 목숨을 희생한 일도 있었다.

이 외에도 주변에서 이따금 이와 같은 감동적인 자기희생과 협동의 모습을 보게 된다. 현대 사회에서는 사람들의 마음이 더욱 각박해진다고 한탄하는 이들도 많은데, 도대체 이러한 자기희생과 협동은 어떻게 일어나게 됐을까? 이는 그저 특별한 몇 사람의 이야기일 뿐일까? 인간은 본래 이러한 협동하는 마음과 행동을 타고난 것일까, 아니면 태어난 뒤에 학습한 것일까? 혹시 살아남기 위해서는 결국 협동해야 한다고 우리는 본능적으로 알고 있는 것은 아닐까?

철학자들부터 심리학자, 사회학자, 생명과학자까지 많은 사람들은 오래전부터 이러한 궁금증을 가져 왔고, 최근에는 동물 행동이나 진화 현상을 연구함으로써 그 비밀에 아주 조금 다가갔다.

자기를 희생하고 서로 돕는 행동은 다른 동물에게서도 많이 관찰된다. 많이 알려졌듯이 일개미는 여왕개미를 위하여 평생 일만 하고, 여왕개미는 죽을 때까지 알만 낳는다. 또한 벌은 누군가가 벌집을 공격하면 독침을 쏜다. 독침은 산란관이 변화해 만들어진 것이어서 침을 쏜 벌은 내장이 나와 결국 죽지만, 벌은 자기 집단을 보호하기 위해 목숨을 내던진다. 그리고 침팬지 수컷들은 집단의 생존과 번식을 위하여 자신이 죽더라도 다른 침팬지들과 팀을 이뤄서 적과 싸우기도 한다.

적자생존에 대해 이야기했던 찰스 다윈도 동물의 행동을 연구하다가 이러한 협동 현상을 발견하고는 큰 관심을 가졌다. 결국 다윈은 이러한 현상을 살아남기 위한 한 방법으로 보았다. 즉, 자연선택이라는 과정에서 자기희생과 협동 같은 박애적 행동은 가족 구성원이 번식할 수 있는 가능성을 높인다고 다윈은 생각했다. 그리고 이러한 협동은 서로 돕는 상호 호혜적 관계에서 발전된다고 보았다. 다윈 이후에도 동물 행동 연구 결과를 보면, 이러한 견해를 뒷받침하는 사례들이 계속 나타난다.

최근까지도 많은 논란을 불러일으키고 있는 유명한 과학자 리처드 도킨스는 진화의 주체가 인간 개체나 종이 아니라 유전자라고 보았다. 즉, 그는 동물과 인간의 행동은 유전자의 이기적 특성에 따라 결정되며, 인간을 "유전자에 미리 프로그램된 대로 먹고 살고 사랑하면서 자신의 유전자를 후대에 전달하는 임무를 수행하는 존재"라고 본다. 물론 이러한 이기적 유전자의 본능 역시 협동을 설명하는 한 가지 방식일 수도 있다. 그러나 이러한 이기적 유전자가 다양한 경우의 수가 있는 협동 관계, 특히 자기희생까지 설명하기는 아직 힘들어 보이는 것이 사실이다.

협동 행동은 종족 보존을 위한 것일까?

1960년대 해밀턴W. Hamilton은 친족 선택kin selection이라는 개념을 가지고 협동 행동의 현상을 설명하려고 했다. 즉, 겉으로는 이타적으로 보일지 모르지만, 사실은 자신의 유전자를 널리 퍼뜨리는 데 가장 효과적인 방법으로 친족을 선택했을 뿐이라는 이야기이다.

한 연구 결과를 보면, 여왕벌이 낳은 애벌레와 일벌의 유전자를 검사해 보니 평균 75퍼센트 정도 같다고 한다. 일벌의 입장에서 보면, 평균 50퍼센트 정도 유전적으로 같은 자식을 낳아 키우는 경우보다 이 경우가 훨씬 자신의 유전자를 퍼뜨리는 데 더 도움이 되는 행위인 것이다. 결국 일벌이 생식을 포기하고 애벌레를 돌보는 행위는 이타적인 행위가 아니라, 이기적인 행위일지도 모른다. 얼마나 효과적으로 자신의 유전자를 전달하는가의 문제이다.

또한, 협동이나 자기희생 같은 행동은 비혈연관계에서보다 서로의 유전자를 공유하고 있는 혈연관계에서 더 자주 일어난다. 해밀턴은 친족을 통하여 자기의 유전자가 생존하고 번식이 성공하는 확률을 더 높일 수 있기 때문이라고 봤다. 이타적 행동을 하는 데서 발생하는 손실보다 혈연관계를 유지하고 다음 세대에 전달하는 효과가 더 크다면 협동 행동이 나온다는 것이다. 해밀턴은 이를 '포괄적 적응도'라는 개념으로 설명하였다.

심리학자 더글러스 번스타인Douglas Bernstein은 심리 실험을 통해 해밀턴의 이론을 뒷받침할 만한 현상을 관찰했다. 번스타인은 실험에 참여한 사람들에게 '집이 불타고 있고, 그 안에 세 사람이 있다. 한 사람을 구해야 한다면 누구를 구할 것인가?'라는 시나리오를 주었다. 실험 결과, 친형제를 구하겠다는 사람이 가장 많았고, 다음으로 조카, 사촌, 관련 없는 사람 순이었다. 이는 자신과 유전자가 비슷한 순서인 친형제(50퍼센트), 조카(25퍼센트), 사촌(12.5퍼센트)의 순서와 같았다. 즉, 살아남아서 친족 유전자를 더 퍼뜨릴 가능성이 높은 순서대로 구하려 했다는 뜻이다.

또한, 특별한 일이 없는 보통 상황에서는 45세 어른보다 75세 노인을 돕겠다는 사람이 많았지만, 화재처럼 곧 죽을지도 모르는 긴박한 상황에서는 75세 노인은 무시한 채, 한 살짜리 아기, 열 살짜리 어린이, 열여덟 살 젊은이, 마흔다섯 살의 어른 순으로 도와주겠다고 했다. 즉, 상황이 긴박하면 긴박할수록 살아남을 가능성이 더 많은 사람을 구하겠다는 선택을 했다. 다르게 말하면, 살아남아 유전자를 퍼뜨릴 수 있는 사람 말이다. 생사가 걸린 긴박한 상황에서는 노인을 공경하라는 사회적, 문화적 규범은 버려지고 종족의 생존을 먼저 따르게 된다는 것이다.

자기희생이 오로지 혈연관계에서만 일어나는 현상은 아니다. 남아프리카에 많이 살고 있는 미어캣이라는 동물은 땅을 파며 음식을 찾을 때 친족이든 친족이 아니든 서로 망을 보아 준다. 또한 흡혈박쥐는 굶주린 박쥐에게 피를 나누어 주는데, 이러한 행동 역시 혈연관계와 상관이 없다고 한다. 잘 알려진 악어새와 악어 같은 공생 관계 역시 혈연과 아무 관계없는 협동 관계이다. 악어새는 악어의 피부뿐 아니라 입 안에 있는 기생충까지 잡아먹는데, 악어는 기생충을 제거할 수 있어 좋고, 악어새는 먹이를 얻을 뿐만 아니라 포식자로부터 보호도 받을 수 있어서 좋은 것이다.

위에서 얘기한 동물들은 어떠한 이유 때문에, 무엇을 바라고 이러한 협동을 할까? 일단 박쥐나 침팬지의 협동 행동을 보면 상대가 자신을 도와주는 한에서 상대를 도와준다는, 상호 호혜성의 원리가 지켜지는 듯하다.

큰가시고기 무리에는 더 큰 물고기의 밥이 될 위험성을 무릅쓰고 무리의 맨 앞에서 정찰병의 임무를 맡아 정찰하는 녀석이 있다. 이 정찰병 큰가시고기를 잘 살펴보면, 뒤따라오는 다른 물고기들이 자기

QUESTIONS

이기적 유전자가 협동을 일으키기도 할까?

인간이나 동물은 종족 보존을 위해 협동하는 것일까?

서로 이익이 되지 않는 공생 관계도 있을까?

무임승차를 허용하는 이유는 무엇일까?

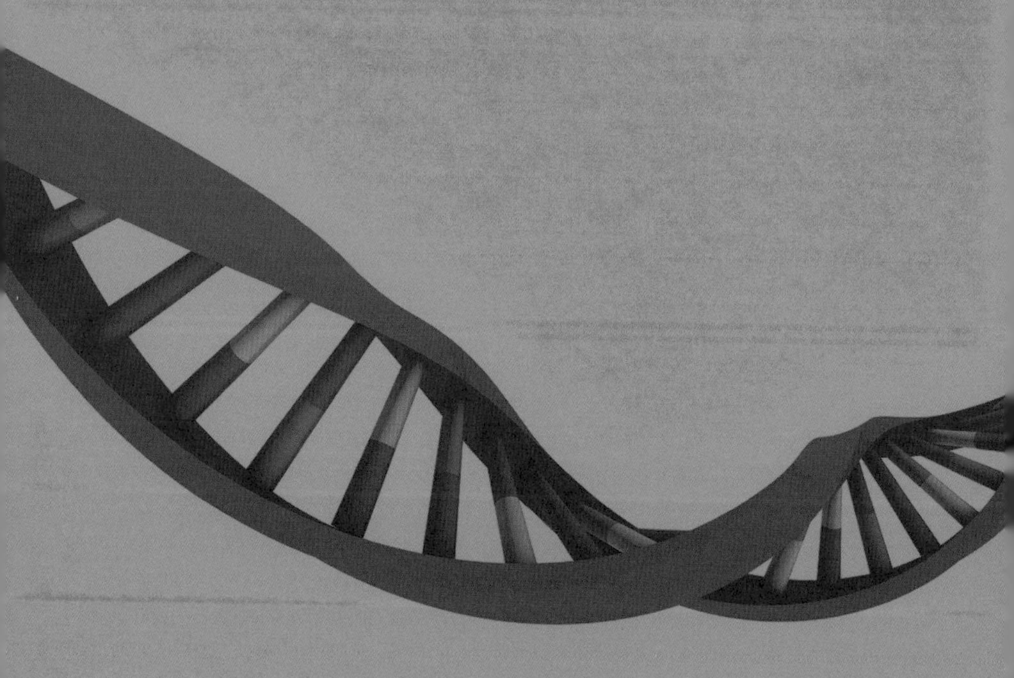

와 같이 움직여 줄 때에만 정찰을 하며, 같이 움직여 주지 않거나 뒤로 처지면 정찰을 잘 하지 않는다. '내가 이만큼 도움이 되는 일을 했으니, 너도 그만큼 도움이 되는 다른 일을 해라.'라는 상호 호혜적 원칙이 지켜져야 협동이 가능하다는 뜻이다.

침팬지 역시 비슷한 행동 전략을 쓴다는 연구 결과도 있다. 사진이나 다큐멘터리에서 침팬지가 서로의 털을 다듬어 주는 모습을 자주 볼 수 있다. 많은 사람들은 이를 보며 침팬지도 사람처럼 서로 돕는 모습을 보인다고 얘기하고는 했다. 하지만 오랫동안 침팬지를 관찰한 결과, 침팬지가 그냥 아무 이유 없이 서로의 털을 다듬어 주는 것은 아니었다. 연구 결과, '내가 너의 털을 다듬어 주면 너는 나중에 먹이를 나누어 주어라.' '나를 도와준 적이 있는 녀석만 털을 다듬어 준다.' 같은 조건을 밑에 깔고 서로 돕는다는 것을 알 수 있었다. 이러한 전략은 앞으로도 비슷한 상황이 계속 일어나리라는 것을 전제로 깔고 있다.

이러한 현상은 인간 사회에서도 발견된다. 탄자니아에 사는 한 수렵 부족은 개인이 사냥을 통해 획득한 고기를 부족민에게 나눠 준다. 만약 다른 사람이 잡은 고기를 원한다면, 요청하면 된다. 서로 도움을 주는 행위이지만 앞에서 살펴본 상호 호혜적 관계와는 약간 다르다. 이러한 원리는 반복 호혜성 원리라고 할 수 있다. 즉, 앞으로도 비슷한 상황이 계속 발생할 테고, 그럴 경우에 다음에는 자신이 다른 사람으로부터 도움 받을 가능성이 있기 때문이다. 항상, 언제까지나 자신이 사냥을 잘할 수는 없을 테고, 분명히 다른 사람이 더 많은 사냥감을 얻을 때가 올 테니까 말이다.

공생 관계는 서로 이익이 될 때만 일어날까?

서로 돕는 상황에서, 아무 일도 안 하고 이득만 챙기려는 배신자가 있을 수도 있다. 그럴 경우 동물 세계나 인간 세계에서 모두, 무임승차를 하는 배신자가 더 이상 나타나지 않게 하기 위하여 그 그룹에서 따돌리거나, 축출하거나, 처벌하여 협동 관계를 유지하려고 한다. 이러한 경우는 어떻게 봐야 할까?

유명한 '죄수의 딜레마' 상황을 보자. 공범 두 명이 경찰에 붙잡혀 각각 다른 방에서 심문을 받는데, 공범이 있다고 자백하거나 아무 말도 하지 않거나, 두 가지 선택만 할 수 있다. 두 사람 모두 자백하면 각각 10년형을 받는다. 만약 한 사람만 자백하면 그 사람은 풀려나고 다른 한 사람은 30년형을 받는다. 두 사람 모두 아무 말도 하지 않으면 3일만 경찰서에 있다가 풀려난다.

게임 이론에 따르면, 이 상황에서 사람들은 둘 다 자백을 해서 각각 10년형을 받는 경우가 많다고 한다. 아무 말도 하지 않을 경우, 운이 좋으면 모두 3일형만 살다 나오겠지만 운이 나쁘면 자기만 30년형을 받을 수도 있기 때문이다. 반면 자백할 경우, 운이 나쁘면 모두 10

년형을 받겠지만 운이 좋으면 자기라도 석방될 수도 있기 때문이다. 이러한 선택의 밑바탕에는 '눈에는 눈, 이에는 이'라는 계산이 있기 때문이라고 게임 이론은 설명한다.

그렇다면 사람들은 언제나 '눈에는 눈, 이에는 이'처럼 자기 몫이 얼마인가를 계산하면서 다른 사람을 도울까? 사실 죄수의 딜레마 상황에서 가장 좋은 선택은, 상대방을 믿고 협동하여 아무 말도 하지 않는 선택이다. 하지만 죄수의 딜레마는 단 한 번의 선택으로 끝나는 극단적인 경우이기 때문에 자기중심의 계산만을 할 수밖에 없게 된다.

그런데 반복해서 이러한 상황이 일어날 수 있는 경우, 서로 믿는 관계일 경우, 사람들은 협동 관계가 가장 이익이 됨을 알게 된다. 그렇기 때문에 따돌림, 처벌, 축출 같은 제재를 통해서라도 협동 관계를 유지하려 하는 것이다.

앞에서 이야기한 수렵 부족처럼 다른 사람이 구해 온 음식을 무임승차 형식으로 그냥 먹는 사람에게 아무런 비판이나 응징을 하지 않는 경우도 있다. 그렇다고 언제까지나 무임승차를 용납하지는 않는다. '도움 받을 가능성'을 염두에 둔 도움, 협동이기 때문이다. 짧은 기간 동안 무임승차와 배신을 몇 번 눈감아 줄지는 몰라도, 계속 무임승차를 한다면 그러한 사실이 부족원들 사이에 널리 알려지면서 결국 더 강한 제재를 받을 수 있다.

이처럼 배신에 대한 조치를 취하거나 협동 행동을 할 때 의사소통은 무엇보다 중요하다. 또한 인간은 이러한 의사소통을 통해 조금 더 치밀하게 계산을 한 뒤, 동물 수준을 한 단계 넘는 협동 행동을 하게 된다. 물론 동물 사이에서도 구성원 사이의 의사소통을 통하여 배신자를 따돌려서 축출하는 예도 있다.

결국 다른 구성원을 믿고 협동 행위를 하는 전략이 더 많은 음식을 얻고, 더 안전하게 살아가고, 더 많이 자손을 퍼뜨리는 데 도움이 됨을 인간이나 몇몇 동물 종은 아주 오래전부터 깨닫고, 계속 전해 온 것은 아닐까? 물론 협동 행동을 하는 과정에서 무임승차나 배신자가 나올 수도 있다. 일시적으로 손해를 입을 수도 있다. 하지만 길게 봤을 때, 한 개인이 아니라 종의 번식의 측면에서 봤을 때 협동이 더 이득이 되는 전략이기 때문에, 따돌림, 처벌, 축출 등의 제재를 가하면서 그러한 전략을 수정하거나 더욱 강화해 온 것은 아닐까?

궁극의 자연법칙은 존재하는가?

UNIVERSE

우주 삼라만상의 원리를 찾을 수 있을까

우리 우주는 우연의 산물인가

우리와 다른 물질, 다른 에너지의 존재는 무슨 의미인가

자연이 이토록 복잡하고 아름답고 질서정연한 이유는 무엇일까

UNIVERSE 01

우주 삼라만상의 원리를 찾을 수 있을까

최기운

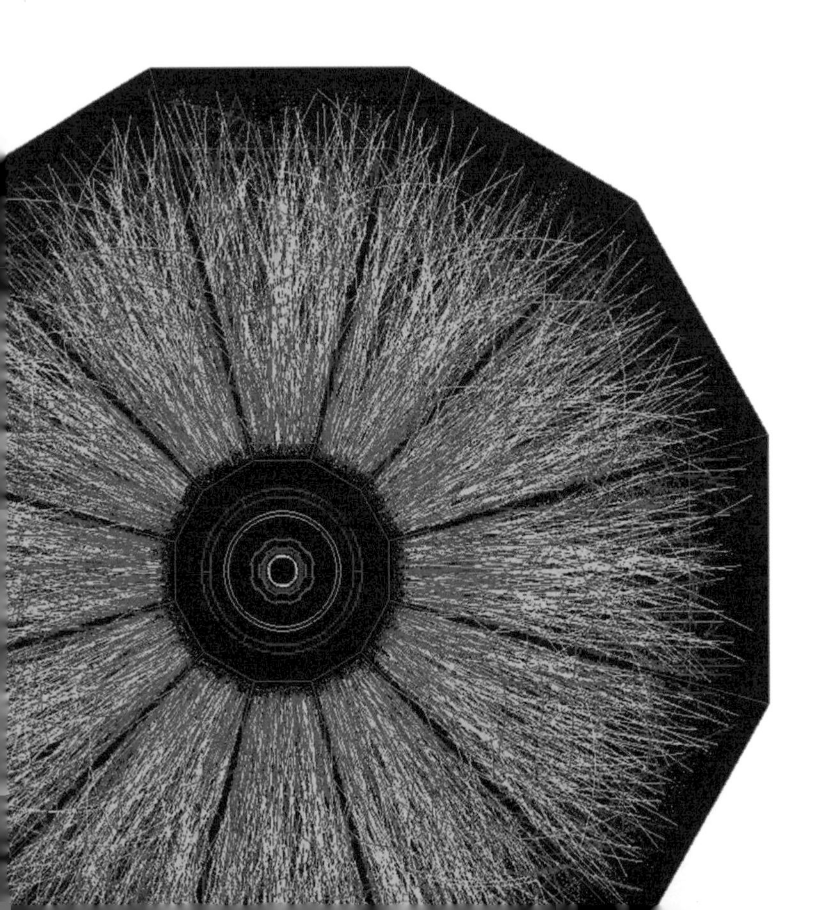

통일 이론은 가능할까?

Can the laws of physics be unified?

모든 것을 설명하는 이론이 가능할까? 그것은 과연 과학자들이 할 수 있는 일일까, 할 수 있다고 하더라고 그건 신의 영역을 넘어서는 일일까? 어쨌든 과학자들은 언제나 하나의 이론으로 모든 것을 설명하기를 꿈꿔 왔지만, 지금까지는 누구도 모든 입자, 강력, 약력, 전자기력, 중력을 하나의 이론으로 설명하는 확실한 방법을 만들어 내지는 못했다. 하지만 물리학자들은 초끈 이론이 큰 가능성을 가지고 있다고 보면서 기대를 품고 있다.

통일 이론에 매료되었던 아인슈타인

물리학은 복잡한 자연 현상을 가능하면 가장 간결하고 보편적인 원리로 이해하고자 한다. 자연 현상 속에 숨어 있는 원리를 찾으면서 이렇듯 더 통일되고 더 보편적인 법칙을 추구하는 이유를 굳이 따로 설명할 필요는 없을 것이다. 아인슈타인이 경탄하였듯이 자연의 가장 신비한 점은 이것이 가능하다는 것이다.

모든 자연 현상에 대해 궁극적인 설명을 해 줄 수 있는 통일 이론은 물리학을 전공하는 사람뿐 아니라 일반인에게도 크게 관심을 끄는 주제이다. 그런데 그러한 통일 이론은 정말 가능할까? 우리는 어느 정도까지 그 통일 이론에 가까이 가 있을까? 실제로 지금까지 물리학에서 이루어진 위대한 발견들을 살펴보면, 이전까지 서로 독립적으로 여겨졌던 법칙 혹은 현상들을 통일하면서 그 발견이 이루어진 경우가 많다.

잘 알려진 대로, 뉴턴은 하늘에 있는 천체의 운동과 지상에서 물체의 운동이 동일한 만유인력 법칙에 지배됨을 보이며, 천상에서의 운동 법칙과 지상에서의 운동 법칙을 통일하였다. 물리학 사상 이에 버금가는 업적으로 여겨지는 맥스웰의 전자기 이론 역시 그전에는 상호 독립적인 현상으로 여겼던 전기의 힘, 자기의 힘, 빛과 관련된 여러 현상들을 설명할 수 있는 통일된 법칙을 제공해 주었다.

아인슈타인은 뉴턴의 만유인력 법칙을 대체하는 새로운 중력 이론인 일반 상대성 이론을 완성한 뒤, 일반 상대성 이론과 맥스웰의 전자기 이론이 보여 주는 아름다움에 크게 고무되었다. 그는 일반 상대성 이론과 전자기 이론을 통일하는 이론이야말로 자연법칙의 핵심이라 믿었고, 말년의 대부분을 그런 이론을 찾는 데 보냈다. 비록 성공하지는 못했지만, 아인슈타인은 물리학에 대칭성의 원리를 최초로 도입하여 향후 통일 이론의 전개에 누구보다 지대한 공헌을 하였다.

아인슈타인의 일반 상대성 이론은 흔히 '공변 원리'라 불리는 "물리 법칙은 모든 관측자에게 동일한 형태로 주어져야 한다."는 명제에서 출발한다. 공변 원리는 다르게 말하면, 관측자를 임의로 바꾸어도 물리 법칙이 변하지 않는다는 대칭성 원리이다.

공변 원리의 의미를 더 구체적으로 보기 위해 상대방에 대해 가속 운동을 하는 두 관측자를 생각해 보자. 그들은 상대 가속도 때문에 서로 다른 관성력을 볼 것이다. 그런데 두 관측자가 보는 세상이 같은 형태의 물리 법칙에 의해 지배되기 위해서는 이 관성력의 차이에 대한 해석이 요구된다. 즉, 관측자에 따라 관성력으로도 해석될 수 있는 어떤 힘의 존재를 필요로 한다. 바로 이 힘이 중력에 해당한다는 것이 일반 상대성 이론의 핵심이다.

조물주가 공변 대칭성을 요구하면 중력이 존재해야 하며, 동시에 그 중력이 물체의 운동에 어떤 영향을 미치는지도 결정된다. 대칭성 원리에서 출발하여 물리 법칙을 도출하는 이 방법은 물리학자들의 사고에 획기적인 변화를 가져다주었으며, 지금까지도 통일 이론에서 핵심적 역할을 하고 있다. 아름답고 우아한 대칭성 원리로부터 자연의 기본 법칙이 결정된다는 사실은 또 하나의 신비라 하지 않을 수 없다.

양자역학은 통일 이론의 토대가 될 수 있을까?

아인슈타인 이후 통일 이론은 자연스럽게 양자역학으로 옮겨 간다. 20세기 초에 태동한 양자역학은 원자 크기의 미시 세계를 지배하는 물리 법칙으로서 물체의 운동에 대한 우리의 관념에 혁명적 변화를 가져왔다.

한 예로, 양자역학에서는 어떤 물체의 위치와 속도를 동시에 정확히 알 수가 없다. 이는 흔히 '불확정성 원리'로 불린다. 더구나, 우리가 위치를 더 정확하게 알수록 속도는 더 불확실해지며, 반대로 속도를 정확히 알수록 위치는 불확실해진다.

이 기묘한 사실을 좀 더 이해하기 위해 사진을 찍어 위치를 파악하

는 경우를 생각해 보자. 물체의 위치는 그로부터 반사된 빛을 통해 사진에 나타난다. 빛은 파동의 성질을 지니고 있으며, 따라서 빛의 파장보다 짧은 거리는 사진에 선명하게 나올 수 없다. 즉, 물체의 정확한 위치를 원한다면 짧은 파장의 빛을 반사시켜야 한다. 그런데 문제는 빛의 운동량과 파장은 상호 반비례 관계에 있다는 점이다. 따라서 정확한 위치 측정을 위해 더 짧은 파장을 가지는 빛을 물체에 반사시키면 빛이 가지는 큰 운동량 때문에 물체의 속도는 더 불확실해진다.

양자역학에 따르면, 파동성 및 파장-운동량 반비례 관계는 빛만이 가지는 특이한 성질이 아니라 에너지를 가지고 움직이는 모든 것의 보편적 성질이다. 이는 위치와 속도 사이의 불확정성 역시 모든 물체의 보편적 성질이라는 뜻이다.

이렇듯 기묘한 양자역학이야말로 현재 우리 지식으로는 모든 영역에 정확히 적용되는 이론이며, 우리에게 익숙한 고전 역학은 거시 세계에 대해서만 근사적으로 적용된다. 그렇다면 진정한 통일 이론은 양자역학 체계 내에서 이루어져야 할 것이다.

양자역학은 물리, 화학, 심지어 생명 현상까지도 포함하는 광대한 영역의 자연 현상을 물질을 구성하는 원자들을 통해 이해할 수 있는 가능성을 열어 주었다. 그 원자의 중심이 되는 원자핵은 그 반지름이 10^{-15}m 정도이다. 요즈음 신기술의 영역으로 자주 인용되는 나노 크기가 10^{-9}m이며, 원자의 반지름은 10^{-10}m 정도이니, 원자핵이 얼마나 작은지 상상해 볼 수 있을 것이다. 이 원자핵 바깥에서는 중력과 전자기력만 보인다.

그런데 이 원자핵 내부를 보면 우주의 형성과 진화에 결정적 역할을 하는 두 개의 다른 힘이 보이기 시작한다. 원자핵을 이루는 기본 입자인 쿼크들을 핵 내부에 단단히 결합시켜 주는 강력과, 기본 입자들이 종족을 바꾸면서 붕괴하는 현상을 유발하는 약력이 바로 그들이다.

이 핵력들의 가장 큰 특징은 강력은 10^{-15}m 정도의 거리까지만 작용하며, 약력은 더욱 짧은 10^{-18}m 정도까지만 작용한다는 점이다. 이 때문에 우리에게 익숙한 대부분의 자연 현상은 강력이나 약력과 아무 상관이 없다. 그러나 미시 세계의 기본 입자들에게는 강력과 약력도 중력 및 전자기력과 함께 반드시 고려되어야 할 기본 힘이다. 더구나 강력이 없다면 원자핵이 형성될 수 없고 우리의 존재도 가능하지 않다. 얼핏 무의미해 보이는 약력도 별의 진화와 소멸 과정을 통해 생명체를 구성하는 원소를 형성하는 데 결정적 역할을 한다.

결국 진정한 통일 이론은 중력, 전자기력, 강력, 약력을 모두 통합할 수 있어야 한다. 강력과 약력은 미시 세계의 기본 입자들을 통해서만 볼 수 있기 때문에, 여기서 우리는 물리학의 통일 이론이 구현될 수 있는 최적의 장소는 소립자 물리라는 결론에 도달한다.

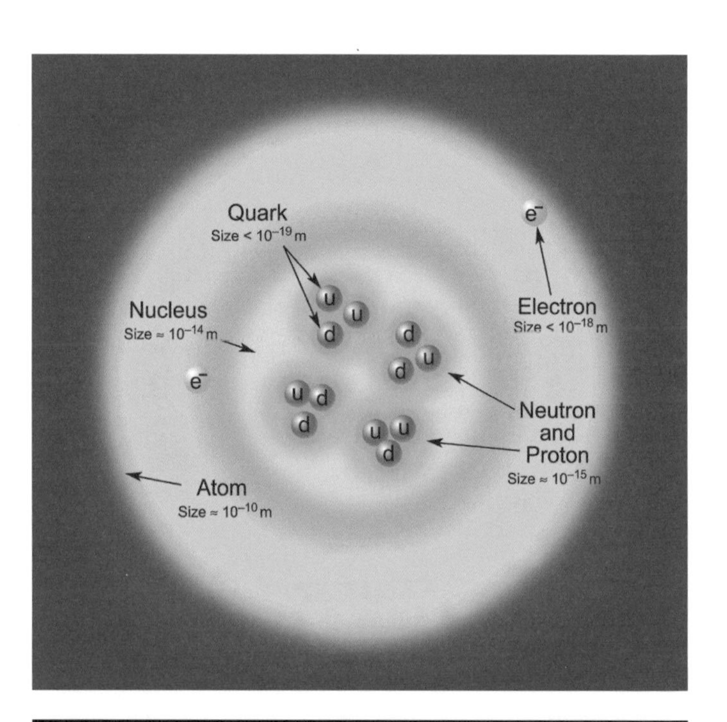

Quark
Size < 10^{-19} m
e^-
Electron
Size < 10^{-18} m
Nucleus
Size ≈ 10^{-14} m
u
u
d
d
u
d
e^-
u
d
d
u
u
d
Neutron
and
Proton
Size ≈ 10^{-15} m
Atom
Size ≈ 10^{-10} m

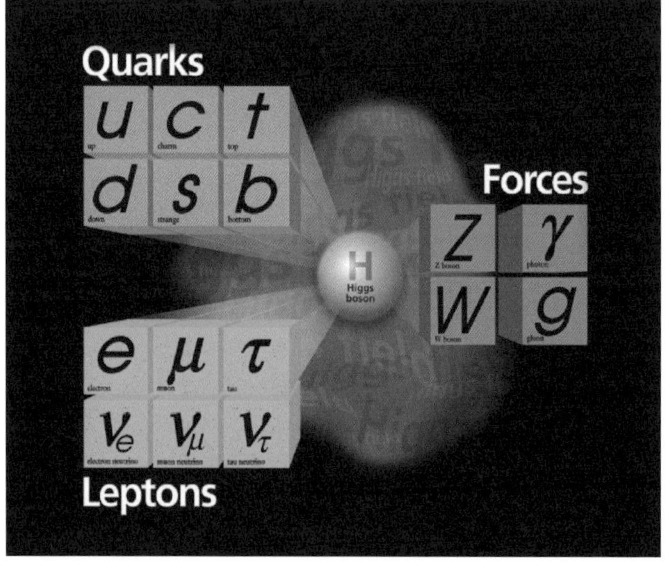

Quarks
u c t
d s b
Forces
Z γ
W g
H
Higgs
boson
e μ τ
ν_e ν_μ ν_τ
Leptons

소립자의 세계까지 설명할 수 있는 통일 이론은 무엇인가?

20세기 후반 들어 물질을 이루는 기본 입자를 다루는 소립자 물리학은 비약적으로 발전하였다. 1970년대를 전후하여서는 소립자들 사이의 전자기력, 강력, 약력에 대한 이론인 표준 모형도 완성되었다.

표준 모형에 의하면 물질은 여섯 가지의 쿼크와 역시 여섯 가지의 렙톤으로 이루어져 있다. 잘 알려진 전자는 렙톤의 일종이며, 원자핵을 구성하는 양성자 및 중성자는 쿼크들의 복합체이다. 또한 강력, 약력, 전자기력을 매개해 주는 기본 입자들이 존재하며 그 가운데 하나가 전자기력의 매개체인 광자, 곧 빛이다.

표준 모형의 핵심은 중력이 공변 대칭성 원리에 의해 지배되듯이 강력, 약력, 전자기력 역시 어떤 대칭성의 원리에 의해 지배된다는 것이다.

각 쿼크는 3가지 다른 모습으로 나타날 수 있는데, 이를 편의상 쿼크가 3가지 색깔을 가지는 것으로 표현한다. 표준 모형의 대칭성 원리 가운데 하나는 "쿼크의 3가지 색깔을 임의로 바꾸어도 자연법칙은 동일한 형태를 유지하여야 한다."는 것이다. 수학적으로는 이를 'SU(3) 대칭성'이라고 한다. 이를 위해서는 쿼크 색깔을 바꿀 수 있는 힘이 존재해야 하며, 이 힘이 바로 강력이다.

전자기력과 약력 역시 수학적 표현을 사용하면 SU(2)xU(1) 대칭성의 결과로 나타난다. 특히 전자기력과 약력은 SU(2)xU(1) 대칭성 내에서 서로 혼합된 구조를 가지고 있으며, 따라서 표준 모형은 이 두 힘을 통합하였다고 볼 수 있다. 이 SU(2)xU(1) 대칭성은 10^{-18}m보다 짧은 거리에서만 보이는 특이한 성질을 지니고 있으며 바로 이 점이 10^{-18}m보다 먼 거리에서는 전자기력만 보이고 약력이 사라지는 이유이다.

이러한 표준 모형의 성질들은 모두 실험적으로 정밀하게 검증되었다. 표준 모형은 통일 이론의 관점에서 보면 전기력과 자기력을 통합한 전자기 이론에 버금가는 중대한 업적으로, 아인슈타인이 꿈꾸었던 궁극의 통일 이론이 존재하리라는 기대감을 한층 더해 주었다.

그러나 표준 모형의 대칭성은 아직 서로 독립적인 SU(3), SU(2), U(1) 세 부분으로 나뉘어 있으며, 그에 따라 세 개의 힘이 독립적으로 나타난다. 위에서 설명하였듯이 그들 중 하나는 강력이며, 나머지 두 힘들을 적절히 혼합하면 약력과 전자기력을 얻을 수 있다.

이러한 구조로부터 자연스럽게 생각할 수 있는 가능성은 이들 세 대칭성을 하나로 묶는 큰 대칭성을 도입하여 강력, 약력, 전자기력을 통합하는 것이다. 표준 모형의 대칭성이 알려진 1970년대 초반 이러한 이론이 제시되었으며, 이를 대통일 이론이라 한다.

가장 잘 알려진 대통일 이론은 SU(3), SU(2), U(1) 대칭성을 하나의 SU(5) 대칭성 안에 포함시키는 이론이다. 이 이론에서는 강력, 약력, 전자기력 모두 하나의 대칭성 SU(5)에서 나오기 때문에, 언뜻 이들

세 힘의 세기가 모두 같을 것으로 생각된다. 그러나 실제로 대통일 이론의 대칭성 SU(5)는 약 10^{-34}m 혹은 10^{-33}m 정도 크기의 초미시 세계에서만 나타나며, 그 보다 큰 세계에서는 그 일부인 표준 모형의 대칭성 SU(3)xSU(2)xU(1)만이 나타난다. 이는 강력, 약력, 전자기력의 세기가 상상하기 어려울 정도로 짧은 거리에서만 서로 같아진다는 뜻이다.

양자역학에 의하면 진공 내부는 모든 기본 입자의 양자 요동 quantum fluctuation으로 가득 차 있으며, 이 양자 요동은 거리가 달라짐에 따라 강력, 약력, 전자기력의 비가 조금씩 변화하게 만들어 준다. 즉 10^{-33}m 혹은 10^{-34}m 거리에서 강력, 약력, 전자기력의 세기가 같았어도, 그보다 큰 거리에서는 세 힘의 세기가 서로 다를 수 있다. 대통일 이론에서는, 극히 짧은 거리에서 세 힘의 세기가 동일하다는 조건으로부터 출발하여, 현재 실험이 가능한 10^{-18}m 거리에서 강력, 약력, 전자기력 세기의 비를 이론적으로 예측할 수 있다. 이렇게 예측된 이론값들은 실험 결과와 상당히 근접하며, 이는 대통일 이론이 옳은 방향으로 향하고 있음을 보여 주고 있다.

대통일 이론이면 만사형통일까?

대통일 이론은 매우 매력적이지만 심각한 약점을 지니고 있기도 하다. 우선 이 이론은 매우 다른 두 개의 기본 길이를 내포하고 있다. 강력, 약력, 전자기력이 모두 통합되는 대통일 거리 10^{-34}m와, 전자기력과 약력이 통합되는 10^{-18}m가 바로 그것이다. 가능한 모든 파장을 가지는 양자 요동이 난무하는 상황에서 이렇듯 엄청나게 다른 두 길이가 공존하는 것은 극히 부자연스럽다.

대통일 이론의 또 하나의 문제점은 대통일 거리에서 힘의 세기가 같아진다는 조건으로부터 예측된 10^{-18}m 거리에서 강력, 약력, 전자기력의 비가 실험값과 비슷하지만 정확히 일치하지 않는다는 점이다.

이러한 대통일 이론의 문제는 초대칭이라는 새로운 대칭성을 도입하여 해결할 수 있다. 양자역학에 의하면 모든 기본 입자는 스핀 각운동량을 가지고 있으며, 스핀의 크기는 반드시 기본 각운동량의 정수배(0, 1, 2배 등)이거나 반정수배(1/2, 3/2배 등)로 주어진다. 반정수 스핀을 가지는 기본 입자들은 페르미온fermion이라 하며 정수 스핀을 가지는 입자는 보존boson이라 한다. 물질을 구성하는 기본 입자인 쿼크와 렙톤은 모두 스핀이 1/2인 페르미온이며 전자기력, 약력, 강력을 전달해 주는 매개 입자들은 모두 스핀이 1인 보존이다.

초대칭은 보존과 페르미온을 짝 짓는 대칭성이다. 따라서 초대칭은 모든 페르미온(보존) 입자에 대해 그들과 같은 전하를 가지는 보존(페르미온) 짝이 존재함을 예측해 주고 있다. 예를 들어, 초대칭 이론에서는 모든 쿼크와 렙톤에 대해 스핀 값이 0인 보존 짝이 존재하며, 힘의 매개 입자에 대해 스핀 값이 1/2인 페르미온 짝이 존재한다.

QUESTIONS

고전 역학의 세계에서는 통일 이론이 불가능한가?

중력은 이 세계의 대칭성을 위해 꼭 필요한 것인가?

초대칭 짝들은 왜 아직 하나도 발견되지 않았을까?

거대강입자가속기는 우리에게 무엇을 보여 줄 것인가?

초끈 이론으로 물리학 법칙은 통일될 수 있을까?

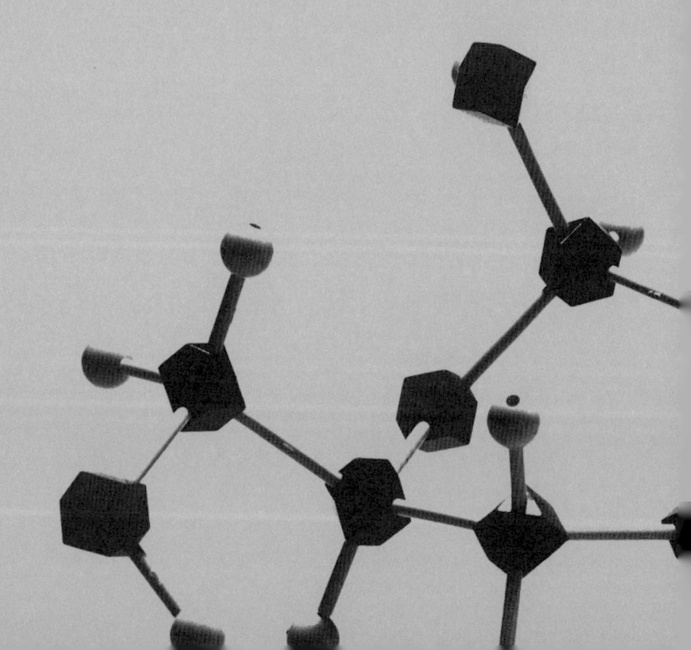

이렇게 많은 초대칭 짝들이 존재한다면 왜 아직 하나도 발견되지 않았을까? 그 답은 초대칭 입자들이 매우 무거워 자연계에서 쉽게 생성될 수 없기 때문이다. 얼마나 무거울까? 전자기력과 약력이 통합되는 길이 10^{-18}m가 그보다 극히 짧은 대통일 거리와 공존하고 있다는 사실이 힌트를 주고 있다.

잘 알려진 관계식 $E=mc^2$을 이용하면, 파장이 약 10^{-18}m인 양자 요동이 가지는 에너지는 수소 원자 질량의 수백 배에 해당한다. 초대칭 짝입자들이 이 정도 질량을 가지면, 초대칭에 의한 균형 덕분에 전자기력과 약력이 통합되는 길이 10^{-18}m가 그보다 훨씬 짧은 대통일 거리와 자연스럽게 공존할 수 있다.

또한 이 초대칭 입자들의 양자 요동은 힘들의 세기에 영향을 미치며, 그 결과로 초대칭을 가지는 대통일 이론이 예측하는 강력, 약력, 전자기력의 비는 실험값과 정확히 일치하게 된다. 이러한 흥미로운 사실들에 근거하여, 현재 많은 물리학자가 수소 원자 질량의 수백 배 정도의 질량을 가지는 초대칭 짝입자들이 존재하리라 믿고 있다.

이 정도 질량을 가지는 초대칭 입자들은 현시점에서 매우 특별한 의미가 있다. 2008년 말부터 스위스 제네바에 있는 유럽원자핵공동연구소CERN에서 시작된 거대강입자가속기LHC, Large Hadron Collider 실험은 사상 최초로 우리에게 10^{-19}m 크기의 세계를 보여 줄 것이다. 현재 물리학자들의 이론적 예측이 옳다면 LHC에서 많은 초대칭 입자들이 발견될 가능성이 상당히 높다. 초대칭은 조물주가 자연의 기본 법칙에 이용하지 않을 수 없으리라 믿어지는 아름다운 대칭성이다.

또한 초대칭은 현재 궁극의 통일 이론으로 기대되는 초끈 이론의 필수적인 요소이다. 기대한 대로 LHC에서 초대칭 입자들이 발견된다면 이는 통일 이론을 지향하는 이론 물리학의 위대한 승리로 역사에 기록될 것이다.

비록 초대칭 대통일 이론이 강력, 약력, 전자기력을 통합하는 길을 열어 주었지만 중력은 아직 통합의 대열에 빠져 있다. 중력은 다른 세 힘과 아주 다른 양자역학적 성질을 지니고 있으며, 바로 이점이 중력을 통합하기 어렵게 만들고 있다.

현재 중력까지 포함하는 진정한 통일 이론으로 가장 관심을 끌고 있는 이론은 초끈 이론이다. 초끈 이론은 모든 물질과 힘이 점 입자가 아닌 끈의 진동으로부터 나온다는 가설에서 출발한다. 초끈 이론의 진정한 실체는 아직 오리무중이며, 따라서 그것이 성공적인 궁극의 통일 이론이 될 수 있는지는 분명하지 않다.

그러나 이미 알려진 사실만으로도 초끈 이론은 너무나 매혹적인 이론이라는 점은 대다수 이론 물리학자들이 동의하고 있다. 초끈 이론의 성공 가능성과 상관없이, 궁극의 통일 이론은 물리학자들에게 끊임없이 추구해야 할 숙명적인 목표일 것이다.

UNIVERSE 02

우리 우주는 우연의 산물인가

최기운

우리 우주는 유일한가?

Is ours the only universe?

이러한 질문은 철학자들을 위한 것이라고 얘기하는 사람들도 있다. 우리의 우주 말고 다른 우주가 있는지 묻는 것은 과학자들에게는 존재론적으로 가장 위험한 질문일지도 모른다. 다른 우주가 있다는 것은, 우리 우주가 우연의 산물이며, 우리 우주를 관통하는 근본 법칙이 없다는 뜻이 될 테니까 말이다. 그럼에도 암흑에너지의 발견과 초끈 이론은 물리학자들에게 다른 우주가 존재할 가능성을 조심스럽게 점쳐 보도록 해 주고 있다.

다른 우주의 존재는 검증 가능한 것일까?

우리가 살고 있는 우주는 유일한 우주일까? 우주는 가장 매력적인 탐구 대상이지만 그 유일성에 대해 객관적이고 검증 가능한 답을 얻기는 매우 어렵다.

논리적으로 우리 우주가 유일하지 않다는 것을 확인하는 방법은 다른 우주가 존재함을 보이는 길밖에 없을 것이다. 여기서 다른 우주는 우리 우주와 아주 다른 물리적 성질을 가지거나 혹은 다른 형태의 물리학 법칙에 의해 지배되는 공간 영역을 뜻한다. 예를 들어, 우리 우주와 달리 공간이 수축하고 있는 우주, 혹은 우리 우주에 비해 매우 급격히 팽창하고 있는 우주, 혹은 우리 우주와 다른 물질로 이루어진 우주, 혹은 우리 우주에 존재하지 않는 힘이 작용하고 있는 우주 등 수없이 많은 가능성을 생각해 볼 수 있다.

현재 우리가 볼 수 있는 최대 거리인 약 140억 광년 이내의 공간은 동일한 물리적 성질을 가지는 우리 우주에 속하는 것으로 보인다. 그러나 140억 광년보다 훨씬 먼 세계에 완전히 다른 우주가 존재할 가능성, 혹은 우리가 아직 인지하지 못한 양자역학적 과정을 거쳐 우리 우주의 일부가 다른 우주로 변이될 가능성 등을 배제할 수 없다. 그런데 이러한 가능성을 모두 받아들인다 해도, 가까운 장래에 다른 우주가 존재함을 보여 주는 과학적 증거를 얻게 될 가능성은 그리 커 보이지 않는다.

아무리 심오한 주제도 과학적 검증 가능성이 낮으면 그 주제의 과학적 가치에 대한 의문을 피하기는 어렵다. 이는 많은 과학자들이 우리 우주의 유일성에 대한 문제를 종교나 철학의 영역에서나 다루어질 문제로 여겨 온 까닭이기도 하다.

그런데 최근 이 문제가 자연의 근본 법칙을 추구하는 물리학자들 사이에서 큰 논쟁을 일으키는 문제로 부상되었다. 이는 최근 10여 년에 걸쳐 물리학에서 이루어진 두 가지 중요한 발견으로부터 시작되었다.

그 가운데 하나는 현재 우주의 가속 팽창을 유발하는 것으로 믿어지고 있는 우주 암흑에너지가 발견되었기 때문이며, 또 하나는 초끈 이론에 따라 수없이 많은 우주를 허용해 주는 가능성이 발견되었기 때문이다. 이제 이 글에서는 이 발견들로 인해 왜 상당수의 물리학자가 수없이 많은 우주가 존재할 가능성을 심각하게 받아들이게 되었는지 설명해 보고자 한다.

근본 원리는 있는가?

우리 우주가 유일한 우주라면 그것은 우리 우주가 매우 특별한 우주라는 뜻이다. 신에게 인간이 특별한 존재라는 종교적 믿음처럼 우리 우주가 유일무이한 우주라는 믿음 역시 인간에게 매우 자연스럽게 다가온다.

그러나 우리의 과학적 시야가 넓어질수록 그에 반비례해 우리가 특별한 존재라는 믿음은 퇴색되어 왔다는 점을 생각해 보면 우리 우주의 유일성 역시 언젠가는 깨질 신화일 가능성을 배제할 수 없다. 예를 들어, 사람들은 1500년경까지 지구를 우주의 중심으로 믿어 왔다. 밝은 하늘의 주인인 태양과 밤하늘에 빛나는 별들도 모두 우리가 살고 있는 지구를 중심으로 돌고 있는 것처럼 보였다. 그러나 16세기 초에 코페르니쿠스가 지동설을 주장한 이래 우리는 인간이 실제로는 우주 중심에 위치하고 있지 않음을 알게 되었다. 지구는 태양계 속의 하나의 조그만 행성일 뿐이었던 것이다.

그 뒤로 태양계 역시 우리 은하에 있는 수많은 별 가운데 하나이며, 우리 은하 또한 광대한 우주 속에 흩어져 있는 수많은 은하 가운데 하나로 판명되었다. 이러한 사실로부터 생각해 본다면 우리 우주 역시 수없이 많은 다양한 우주 가운데 하나라 해도 크게 이상한 일은 아닐 것이다.

물리학자들이 추구하는 목표는 자연 현상을 지배하는 근본 원리를 찾는 것이다. 이러한 목표는 이해의 대상인 자연 현상이 어떤 근본 원리의 필연적 결과로 나타난다는 가정에 기반을 두고 있다. 실제로 어떤 자연 현상은 근본 원리의 필연적 결과로 나타나며 우리에게 그 원리에 대한 중요한 정보를 제공해 주고 있다. 예를 들어, 지금까지 알려진 자연계의 네 가지 힘, 즉 중력, 전자기력, 약력 및 강력은 대칭성 원리의 필연적 결과로 나타난다. 이러한 자연 현상들에 대해 "왜 자연이 이런 식으로 움직일까?" 혹은 "자연 현상이 이러한 형태로 나타나야 할 필연적 이유가 있을까?" 묻는 것은 자연법칙의 숨겨진 원리를 찾는 데 매우 유용한 방법이 될 것이다.

그러나 우리 주위에는 근본 원리의 필연적 결과가 아닌 역사적 환경의 우연한 결과로 나타난 자연 현상 역시 많다. 예를 들어, 태양계 행성들의 궤도 반경은 태양계가 형성될 때 역사적 환경에 의해 우연히 결정된 것이지, 각각의 행성이 반드시 관측된 궤도 반경을 가져야만 하는 근본 원리는 존재하지 않는다. 지구 역시 태양계 내부에서 형성될 때 다른 역사적 과정을 거쳤으면 지구의 궤도 반경은 다른 값을 가졌을 것이다.

실제로 우주에는 수없이 많은 항성계가 존재하며 이들 항성계 내에서 행성들의 궤도 반경은 각각의 항성계가 형성된 과정에 따라 서로 다른 값을 가지고 있다. 따라서 어떤 과학자가 관측된 태양계 행성들의 궤도 반경을 설명해 주는 근본 원리를 찾으려 시도한다면 이는 시간 낭비로 귀결될 것이다.

그러나 문제는 어떤 자연 현상이 근본 원리의 결과인지 역사적 우연의 산물인지가, 그 답을 알기 전에는 매우 모호하다는 점이다. 태양계 행성들의 궤도 반경 문제만 해도, 태양계 바깥 세계와 뉴턴의 중력 법칙을 모르고 있었던 중세 시대까지 많은 천문학자는 관측된 궤도 반경들을 설명해 주는 근본 원리를 찾으려 노력하였다.

결국 우리 우주의 유일성을 묻는 질문은 우리 우주의 물리적 성질이 근본 원리의 결과인지 아니면 역사적 우연의 산물인지 묻는 질문과 직접 연결되어 있다. 우리 우주가 유일하다면 우리 우주의 물리적 성질은 어떤 근본 원리의 필연적 결과일 가능성이 높다. 이 경우, 그 숨겨진 근본 원리를 찾는 것이야말로 물리학자들에게 가장 중요한 목표가 될 것이다.

반면에, 수많은 서로 다른 우주가 존재하고 우리는 역사적 우연에 의해 우리 우주 속에 살고 있다면 물리학자들은 이 중요한 목표를 잃게 된다. 최근까지 물리학자들이 우리 우주가 유일한 우주일 가능성을 본능적으로 선호했던 가장 큰 이유이다.

우주상수는 아인슈타인의 실수일까?

최근 많은 물리학자들은 우리 우주의 유일성을 포기하는 괴로운 결정을 내릴 수밖에 없게 되었다. 도대체 무슨 연유로 이런 일이 일어나

$E = ma^2$
$E = mb^2$
S. Harris

게 되었을까? 이는 과거 수십 년 동안 이론 물리학자들을 괴롭혀 왔던 우주상수 문제로부터 출발하였다.

역사적으로 보면 우주상수는 우주 팽창이 발견되기 전 아인슈타인이 자신이 믿었던 정적 상태 우주가 일반 상대성 이론에 의해 허용될 수 있도록 하기 위해 최초로 도입한 것이다. 하지만 우주 팽창이 발견되자 아인슈타인은 이 우주상수의 도입을 일생일대의 실수라 자탄하였다. 우주상수를 도입하지 않았다면 아인슈타인은 일반 상대성 이론을 통해 우주 팽창이 발견되기 전 이를 예측할 수 있었을지도 모른다.

이렇듯 아인슈타인을 우롱했던 우주상수는 즉시 폐기되었다가 양자역학과 소립자 물리학을 통해 다시 물리학자들을 괴롭히는 난제로 등장하였다. 양자역학에 의하면 존재하는 모든 것은 양자 요동을 가지며 이에 따라 진공 상태도 에너지를 가질 수 있다. 특히 존재하는 모든 소립자의 양자 요동은 매우 큰 값의 진공 에너지를 주며 이 진공 에너지는 정확히 우주상수의 성질을 가진다. 즉, 양자역학에서 우주상수는 마음대로 폐기할 수 있는 것이 아니다.

이미 수십 년 전부터 여러 우주 관측을 통해 우주상수는 물리학자들이 흔히 쓰는 단위로 약 $10^{-10}(eV)^4$보다 클 수 없다고 알려져 있었다. 반면에, 소립자들의 양자 요동에 의한 진공 에너지(우주상수)를 이론적으로 추정해 보면 최대 $10^{110}(eV)^4$부터 최소 $10^{44}(eV)^4$ 정도까지 나온다. $10^{-10}(eV)^4$보다 무려 10^{54}배 혹은 10^{120}배 정도 큰 것이다.(참고로 지구의 반경은 원자 반경의 10^{17}배에 해당하니 이 차이가 얼마나 큰지 알 수 있다.)

이 소립자 양자 요동이 주는 우주상수는 오래전부터 물리학자들에게 큰 두통거리였다. 소립자 양자 요동에 의한 $10^{44}(eV)^4$ 혹은 $10^{110}(eV)^4$ 정도의 우주상수가 다른 요인에 의한 우주상수와 상쇄되어 전체 우주상수가 $10^{-10}(eV)^4$를 넘지 않도록 할 필요가 있었기 때문이다. 상쇄되기 전 크기와 상쇄된 후 크기를 비교하면 상상하기 어려울 정도로 정확한 상쇄가 필요함을 알 수 있다.

이렇듯 정확한 상쇄가 필요하다면 가장 자연스러운 가능성은 전체 우주상수가 정확히 영의 값을 가지는 것이다. 영은 매우 특별한 숫자이다. 따라서 아직 우리가 발견하지 못했지만 자연의 근본 법칙에 전체 우주상수가 정확히 영이 되도록 하는 원리가 숨어 있으리라 추론해 볼 수 있다.

암흑에너지의 발견으로 맞닥뜨린 다른 우주의 가능성

그러나 20세기 말에 우연치 않게 이루어진 발견 하나가 이 추론의 기반을 무너뜨렸다. $10^{-10}(eV)^4$ 정도의 우주상수로 믿어지는 암흑에너지가 발견된 것이다.(이와 관련한 자세한 내용은 다음에 나오는 〈광활한 우주는 무엇으로 채워져 있나?〉 참조) 이 관측에 의하면 우주상수는 매우 작지만 정확히 영은 아니다. 우주상수가 정확히 영이 아니면 그토록 작은 우주상수 값이 어떤 근본 원리에 의해 설명될 가능성은 매우 낮아진다.

그런데 전자기력과 약력의 통합에 기여한 공로로 노벨상을 수상한 미국의 물리학자 와인버그Steven Weinberg는 암흑에너지가 발견되기 10여 년 전인 1987년에 매우 흥미로운 분석을 시도하였다. 임의의 우주상수를 가지는 우주를 가정하고 그 결과를 유추해 본 것이다.

예를 들어, 우주상수 값이 양수이며 $10^{-10}(eV)^4$보다 수십 배 이상의 크기를 가진다면 그 우주는 은하계가 형성되기 훨씬 전부터 가속팽창을 시작하여 물질들이 은하를 구성하기 위해 밀집될 기회를 가질 수 없게 된다. 이러한 우주에서는 은하가 형성될 수 없으므로 우리가 존재할 수 없다.

반면, 우주상수가 음수이며 그 크기가 $10^{-10}(eV)^4$보다 크면 그 우주는 은하가 형성되고 생명체가 발현되기 오래전에 수축해 버린다. 역시 우리가 존재할 수 없는 우주인 것이다.

즉, 영부터 $10^{110}(eV)^4$ 사이의 임의의 우주상수 값을 가지는 우주가 물리학 법칙에 의해 모두 허용된다 해도 $10^{-10}(eV)^4$보다는 작고 $-10^{-10}(eV)^4$보다는 큰 우주상수를 가지는 매우 특별한 종류의 우주만이 은하를 구성하고 생명체를 형성해 낼 수 있는 것이다.

이 점에 근거하여 와인버그는 다음과 같은 주장을 하였다. 만일 우주상수 값의 크기가 $10^{-10}(eV)^4$보다 매우 작은 것으로 관측된다면, 자연법칙의 어떤 원리에 의해 우주상수가 정확히 영의 값을 가지는 것이 우주상수 문제에 대한 맞는 해답이 될 가능성이 크다는 것이다.

반대로 $10^{-10}(eV)^4$에 가까운 크기를 가지는 것으로 관측되면 근본 원리에 의한 해답이 맞을 가능성은 매우 낮을 것이다. 이 경우 서로 다른 우주상수를 가지는 수없이 많은 우주가 존재하지만 $10^{-10}(eV)^4$보다 아주 크지 않는 우주상수를 가지는 우주만이 은하를 구성하고 생명체를 형성해 낼 수 있기 때문에, 우리는 우주상수가 $10^{-10}(eV)^4$ 정도인 우주 속에 살고 있다는 것이 우주상수 문제에 대한 맞는 해답이 될 가능성이 높다.

첫 번째 답에 의하면 우리 우주만이 자연법칙의 근본 원리에 의해 허용되는 유일한 우주이다. 그러나 두 번째 답은 많은 다른 우주가 존재한다는 가설에 기반을 두고 있다. 이 두 번째 답은 인간이 존재할 수 있는 환경의 유무가 결정적 역할을 한다는 점에서 우주상수 문제에 대한 인류학적 해답으로 불린다.

우주상수 문제에 대한 인류학적 해답은 암흑에너지가 발견되기 전에는 큰 관심을 끌지 못했다. 물리학자들이 어떤 문제에 대한 인류학적 해답을 받아들이는 것은 물리학자의 가장 기본적인 소명인 자연 현상을 근본 원리에 따라 이해하려는 시도를 포기하는 것이나 마찬가지이기 때문이다. 하물며 우주상수 문제는 우리 우주의 가장 중요한 성질에 대한 문제이다.

QUESTIONS

근본 원리를 찾으면 우리 우주가 유일함을 밝힐 수 있을까?

우리 우주가 우연의 결과라면 다중 우주는 가능할까?

우주상수는 아인슈타인의 실수일까?

암흑에너지의 발견과 초끈 이론은 우리 우주만을 설명하는 근본 원리가 없다는 뜻인가?

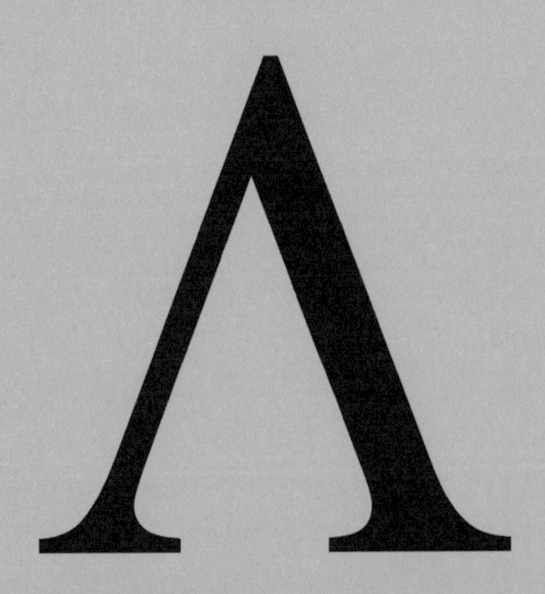

그러나 $10^{-10}(eV)^4$ 정도 크기의 우주상수에 해당하는 암흑에너지가 발견된 후 인류학적 해답은 이론 물리학자들에게 피하기 매우 어려운 결론으로 다가서고 있다. 다른 어떤 해답도 신빙성이 있어 보이지 않기 때문이다.

우주상수 문제에 대한 인류학적 해답을 받아들이면 얼마나 많은 수의 우주가 존재하는지도 논할 수 있다. 소립자 양자 요동에 의한 진공에너지가 최대 $10^{110}(eV)^4$까지 될 수 있지만 관측된 우주상수는 약 $10^{-10}(eV)^4$ 정도라는 사실로부터 유추해 보자.

물리학의 기본 법칙이 우주상수에 아무런 제한을 주지 않는다면 개개의 우주들이 가지는 우주상수의 크기는 영부터 $10^{110}(eV)^4$ 사이에 골고루 분포되어 있을 것이다. 그렇다면 가능한 우주들이 N개 있을 때 얼마나 많은 우주가 $10^{-10}(eV)^4$ 정도의 우주상수를 가지는지 쉽게 알 수 있다. 바로 $N/10^{120}$개다. $10^{-10}(eV)^4$ 정도의 우주상수를 가지는 우리 우주가 존재하기 위해서는 적어도 10^{120}개 이상의 서로 다른 우주가 필요한 것이다. 물론 이들 가운데 절대 다수의 우주들은 $10^{-10}(eV)^4$보다 매우 큰 우주상수를 가지기 때문에 우리가 존재할 수 없는 우주이다.

초끈 이론이 보여 주는 다른 우주의 가능성

그러면 우주상수 문제에 대한 인류학적 해답은 물리학의 기본 법칙 관점에서 볼 때 얼마나 신빙성이 있을까? 현재 시공간을 다루는 가장 근본적인 이론은 초끈 이론이다. 따라서 초끈 이론 하에서 서로 다른 많은 우주가 존재할 수 있는지 아니면 단지 우리 우주만이 존재할 수 있는지 따져 보는 것은 매우 중요한 문제이다.

결론부터 이야기하자면, 우리는 아직 이 문제에 대한 확실한 답을 얻을 정도로 초끈 이론을 이해하고 있지는 않다. 그러나 최근 수년간 이루어진 초끈 이론의 발전은 물리학자들에게 많은 우주가 존재할 가능성이 높음을 보여 주고 있다.

초끈 이론은 10차원 혹은 11차원의 시공간으로 출발하는 이론이다. 우리에게 관측된 시공간은 4차원이기 때문에 6차원(혹은 7차원) 공간은 우리에게 보이지 않는 아주 작은 크기를 가져야 한다. 그런데 6차원 공간을 작게 만드는 과정은 한 가지 어려운 문제를 내포하고 있다.

6차원 공간의 크기나 모습을 나타내는 물리량을 흔히 모듈라이moduli라고 부르는데, 이 모듈라이를 고정하기가 매우 어렵다는 것이다. 모듈라이가 고정되어 있지 않다면 그들의 양자 요동은 관측과 모순되는 여러 현상을 유발하기 때문에 반드시 모듈라이를 고정하는 작용이 필요하다. 알려진 많은 6차원 공간은 수백 가지 방법으로 모습을 바꿀 수 있어 수백 개 이상의 모듈라이를 가지고 있는데, 이들 모듈라이를 모두 고정하는 것은 매우 어려운 일로 알려져 왔다.

그러나 최근 적절한 양자장 선속을 도입하여 이들 모듈라이를 모두 고정할 수 있다는 것이 알려진 뒤로, 양자장 선속은 초끈 이론의 매우 중요한 요소로 받아들여지고 있다.

수백 개 이상의 모듈라이를 고정하기 위해서는 수백 개 이상의 독립적인 양자장 선속이 필요하다. 개개의 선속은 적절한 단위의 정수배 값만을 가지는데 대략 1부터 100까지의 값을 가질 수 있다.

좀 더 구체적인 숫자를 얻기 위해 200개의 독립적인 선속을 가질 수 있는 6차원 공간을 생각해 보자. 각각의 선속이 1부터 100까지의 값을 임의로 가질 수 있으면 200개의 독립적 선속들은 $100^{200}=10^{400}$개의 서로 다른 선속 구조를 만들어 낼 수 있다. 이들 10^{400}개의 서로 다른 선속 구조를 가지는 6차원 공간들과 붙어 있는 나머지 4차원 시공간들은 각각 서로 다른 우주상수를 가지게 된다. 4차원 시공간만을 볼 수 있는 관측자에게 10^{400}개의 서로 다른 우주상수를 가지는 우주들이 존재하는 것으로 보이는 것이다.

현재 초끈 이론 내에서 선속 구조를 제한하는 어떠한 원리도 알려진 바 없다. 실제로 선속의 이론적 성격상 어떤 선속 구조는 허용되고 다른 선속 구조는 허용되지 않는 것은 논리적 타당성이 전혀 없어 보인다. 선속 구조에 대한 제한이 없다면 이는 초끈 이론 내에서 서로 다른 우주상수를 가지는 수없이 많은 우주가 존재할 수 있음을 의미한다.

흥미롭게도 초끈 선속 구조는 $10^{-10}(eV)^4$ 정도의 우주상수를 가지는 우리 우주가 존재하기 위해 필요한 10^{120}개 이상의 서로 다른 우주를 자연스럽게 만들어 줄 수 있다. 즉, 수없이 많은 우주의 존재와 그에 기반을 둔 우주상수 문제의 인류학적 해답은 초끈 이론과 매우 잘 부합되는 것이다.

지금까지 이야기를 정리하면 우리 우주의 유일성에 대한 가장 강력한 힌트는 우주상수 문제로부터 나온다. 정확히 영이 아닌 우주상수 형태로 존재하는 암흑에너지가 발견된 현재 우주상수 문제에 대해 받아들일 수 있는 거의 유일한 해답은 수없이 많은(최소 10^{120}개 이상) 우주의 존재에 근거한 인류학적 해답으로 보인다. 이것이 맞는 해답이라면 암흑에너지는 수없이 많은 다른 우주가 존재함을 간접적으로 보여 주는 징표인 것이다.

그러나 우주상수 문제의 해답이 어떤 근본 원리로부터 나올 가능성을 아직 완전히 배제할 수는 없다. 따라서 유일한 우주의 가능성도 아직 남아 있는 것이다. 아마도 우주의 유일성에 관한 논쟁은 인류가 존재하는 마지막 시간까지 살아 있을 것이다.

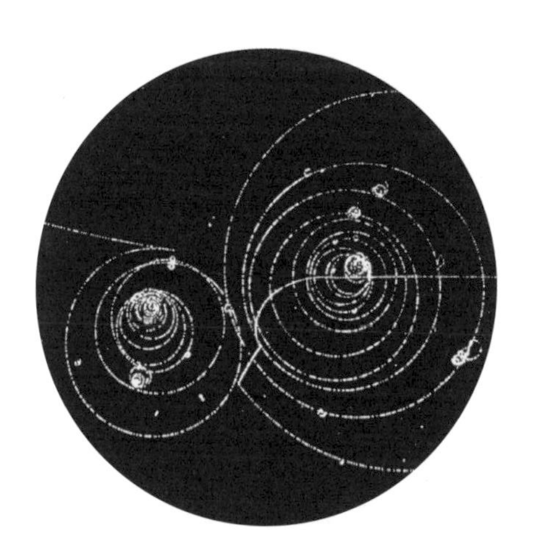

UNIVERSE 03

우리와 다른 물질, 다른 에너지의 존재는 무슨 의미인가

최기운

광활한 우주는 무엇으로 채워져 있나?

What is the Universe made of?

지금까지의 연구 결과에 따르면, 별들은 우주 전체 에너지의 0.5퍼센트 정도이며, 별을 포함해 우리가 아는 물질은 우주의 5퍼센트밖에 되지 않는다고 한다. 나머지 25퍼센트는 일반 물질과는 다른 속성을 지닌 암흑물질로, 그리고 나머지 70퍼센트 정도는 암흑에너지로 불리는 반중력을 만드는 신비한 에너지로 이루어져 있다는 것이 지금까지 알아낸 전부이다. 이 암흑에너지의 속성은 물리학이 풀어야 할 가장 큰 숙제 가운데 하나이다.

우주의 기본 성질

최근 10여 년 동안 이루어진 정밀한 우주 관측 덕분에 드디어 우리는 우주를 구성하는 요소에 관한 밑그림을 그릴 수 있게 되었다. 이에 따르면 우주 전체의 물질과 에너지 가운데 오직 5퍼센트만이 우리처럼 일반 원자로 이루어져 있으며, 25퍼센트는 아직 그 정체가 파악되지 않은 암흑물질, 나머지 70퍼센트는 그 정체가 더욱 불분명한 암흑에너지 형태로 이루어져 있다.

이렇듯 구성 비율은 밝혀졌지만, 우주의 대부분을 차지하는 암흑물질과 암흑에너지의 물리학적 실체는 아직 베일에 가려 있다. 그럼에도 불구하고 많은 사람들은 이 암흑물질과 암흑에너지가 우주 기원과 진화, 물리학의 궁극의 기본 법칙, 우리 우주의 유일성과 같은 물리학의 여러 근본 문제와 깊이 얽혀 있다고 믿는다. 이것이 21세기 물리학의 주요 과제를 이야기할 때 암흑물질과 암흑에너지가 항상 선두에 나타나는 이유이다.

우주 구성 요소를 논하기 위해 우선 잘 알려진 우주의 성질 몇 가지를 정리해 보자. 우리 우주는 약 140억 년 전 있었던 대폭발로 생겨나 지금까지도 계속 팽창하고 있다. 공간이 팽창하고 있기에, 모든 별과 은하는 그 거리에 비례하는 속도로 우리로부터 멀어지고 있다. 300만 광년 떨어진 은하의 경우, 그 멀어지는 속도가 70km/s 정도라고 상당히 정확한 수준으로 측정되어 있다.

대폭발 이전에 어떤 상태에 있었는지는 현재 물리학 지식으로 알 수 없으므로 편의상 대폭발을 우주 탄생 순간으로 취급한다. 우주 나이가 140억 년이라는 사실은 현재 우리가 볼 수 있는 우주의 최대 거리가 140억 광년이라는 뜻이다.

대폭발의 주요 잔재로는 현재 마이크로파 빛 형태로 남아 있는 우주배경복사, 즉 모든 방향에서 같은 강도로 들어오는 전파를 들 수 있다. 이 우주배경복사는 현재 절대 온도 2.7도(섭씨 영하 270.3도)의 매우 낮은 온도를 가지며 열적 평형 상태에 있다. 따라서 공간이 팽창하면 그 속에 있는 빛의 파장 역시 커질 테고, 빛의 에너지는 작아질 것이다. 결국 팽창하는 우주에서 배경복사의 온도는 시간이 흐를수록 계속 낮아진다. 이는 먼 과거에는 배경복사의 온도가 매우 높았으며, 우리 우주가 뜨거운 열적 평형 상태에 있었다는 사실을 뜻한다.

이 외에도 우주배경복사는 초기 우주에서의 원소 생성, 은하 및 은하군 형성의 뿌리가 되는 우주 구조의 진화, 우주 공간의 곡률 반경 등 우주의 과거 및 현재에 대해 많은 정보를 우리에게 알려 주고 있다. 이렇듯 우주배경복사는 우리에게 많은 정보를 주고 있지만 현재 우주배경복사가 전체 우주 에너지에서 차지하는 비율은 0.005퍼센트 정도로 아주 미미하다.

우주의 주요 구성 요소로 우리에게 가장 친숙한 것은 밤하늘의 별들이다. 이들은 은하를 구성하며, 은하들은 모여 은하군을 형성하고 은하군은 전 우주에 산재해 있다. 현재까지 관측된 사실들을 종합하면, 우리가 망원경을 통해 볼 수 있는 별들, 즉 빛을 발생하는 별들의 전체 질량을 질량과 에너지 관계식 $E=mc^2$을 이용하여 에너지로 바꾸어 보면, 별들은 우주 전체 에너지의 0.5퍼센트 정도이다.

별은 우리처럼 모두 양성자, 중성자, 전자로 만들어진 원자들로 이루어져 있다. 그러나 모든 원자가 별의 형태로 존재하지는 않는다. 오히려 원자들 대부분은 은하를 둘러싸고 있는 수소나 헬륨 가스 상태로 존재할 것이라 믿어지고 있다. 그들로부터 나오는 X-선을 분석하거나 주변 은하들의 운동 등을 분석한 결과, 이러한 수소, 헬륨 가스는 우주 전체 에너지의 4퍼센트 정도를 차지하고 있는 것으로 생각된다. 별들의 에너지 0.5퍼센트와 합하면 우주 전체 에너지의 약 4.5퍼센트만이 우리 우주를 구성하는 원자들과 동일한 물질로 구성되어 있다. 이에 더해 핵반응에서 자주 나타나는 중성미자라 불리는 미립자가 약 0.5퍼센트 정도의 에너지를 주고 있다고 생각된다. 즉, 별(0.5퍼센트), 수소, 헬륨 가스(4퍼센트), 중성미자(0.5퍼센트)로 구성된 우주 전체 에너지의 5퍼센트만이 그 물리학적 실체가 밝혀졌다.

그러면 나머지 약 95퍼센트는 무엇일까? 아직 정확한 실체는 모르지만 우리와는 전혀 다른 물질이나 에너지 상태로 존재하고 있다는 사실은 알 수 있다. 우주 전체 에너지의 약 25퍼센트 정도는 소위 암흑물질이라 불리는 미지의 입자로 이루어져 있으며, 나머지 70퍼센트는 더욱 신비한 성질을 지닌 암흑에너지가 차지하고 있다. 이 암흑물질과 암흑에너지는 현재까지 본 모습은 드러내지 않은 채 그들이 만들어 내는 중력 효과를 통해 그 존재를 보여 주고 있을 뿐이다.

잡힐 듯 말 듯한 암흑물질

암흑에너지에 비해 상대적으로 더 잘 알려진 암흑물질에 대해 먼저 이야기해 보자. 암흑물질에 대한 주요 증거로는 우선 은하 주위를 도는 별들의 회전 속도 분포를 들 수 있다. 은하 질량의 대부분이 별의 형태로 존재한다면 별들이 밀집된 중심에서 멀리 떨어질수록 중력은 약해질 것이다. 이렇게 중력이 약해지면 그에 따라 움직이는 별의 회전 속도 역시 중심으로부터의 거리가 멀어질수록 작아질 것이다. 그러나 별들의 운동을 관측해 보면 이러한 예측과 달리, 거리가 멀어져도 회전 속도는 줄어들지 않는다.

이 사실은 은하계 내에서 별들이 밀집되어 있는 반경보다 훨씬 먼 거리까지 보이지 않는 어떤 물질이 분포되어 있음을 강력히 시사하고 있다. 이 암흑물질에 의한 중력 때문에 먼 거리에 있는 별들의 회전 속도가 생각보다 큰 값을 가지고 있는 것이다.

암흑물질의 존재는 은하계보다 훨씬 큰 거대 은하군 세계에서도 다양한 경로로 관측되었다. 은하군 내에 분포되어 있는 은하들의 유동 역시 중력 법칙에 의해 지배될 테고, 이에 따라 은하들의 평균 거리와 평균 속도를 관측하면 작용하고 있는 중력의 세기를 결정해 주는 은하군 전체 질량을 산출할 수 있다. 이렇게 산출된 질량은 은하군 내에 존재하는 별들이 주는 질량보다 수십 배 이상 큰 값을 가짐을 볼 수 있다. 즉, 은하군 질량 대부분이 별보다는 암흑물질인 것이다.

또한, 강한 중력을 만들어 내는 거대 질량 주변을 빛이 통과할 때 그 경로가 휘게 되는 중력 렌즈 현상을 이용하여 은하군의 질량을 측정해도 역시 비슷한 결과가 나타난다.

이에 더해 암흑물질이 존재함을 더 명백하게 보여 주는 현상이 최근에 관측되었다. 우주 망원경을 통해 먼 과거에 서로 충돌했던 두 은하의 질량 분포를 분석해 보니, 충돌의 결과로 일반 물질과 암흑물질이 서로 분리되어 움직이는 증거가 발견되었다. 암흑물질은 매우 약한 상호작용만을 하기 때문에 은하 충돌의 영향을 거의 받지 않은 반면, 별을 구성하는 일반 물질은 은하 충돌에 의해 그 움직임이 상대적으로 정체되었기 때문에 나타난 현상이다.

모든 관측 사실을 종합해 볼 때 암흑물질의 존재 자체와 그 양이 우주 전체 에너지의 25퍼센트 정도라는 사실은 의심의 여지가 별로 없어 보인다.

그렇다면 이제 암흑물질에 대한 가장 중요한 의문점은 암흑물질이 어떤 기본 입자로 이루어져 있는가이다. 여러 관측 사실을 종합해 보면, 암흑물질 입자는 지금까지 소립자 물리학 영역에서 실험적으로 그 존재가 확인된 입자는 아니며, 알려진 물질과의 상호작용은 아주 미약하고, 현재 빛의 속도에 비해 매우 느리게 움직이고 있는 성질을 지니고 있다. 즉, 암흑물질은 상당한 크기의 질량을 가지는 새로운 기본 입자로 이루어져 있는 것으로 보인다.

자연 현상을 가장 근본적인 차원에서 이해하고자 하는 소립자 물리학에서는 지금까지 여러 종류의 기본 입자를 암흑물질의 후보로 거론하였다. 그 가운데 가장 유력한 후보로는 일반 원자들과 약력 정도로 상호작용을 하며, 수소 원자의 수십 배에서 수천 배 사이의 질량을 가지는 WIMPWeakly Interacting Massive Particle라는 입자와 강작용의 CP 문제를 해결하기 위해 도입된 아주 가벼운 액시온axion을 들 수 있다. 실제로 소립자 물리학에서 제시된 많은 물리 이론이 WIMP와 액시온의 존재를 예측해 주고 있다.

WIMP를 예측하는 이론들 가운데 가장 높은 관심을 끌고 있는 이론은 약 10^{-19}m 정도의 미시 세계에서 초대칭성이라는 새로운 대칭성이 나타난다고 하는 초대칭 이론이다. 초대칭 이론은 모든 알려진 기본 입자에 대해 수소 원자 질량의 수백 배 정도 질량을 가지는 초대칭 짝입자가 존재한다고 예측하고 있다. 이 초대칭 짝입자 가운데 가장 가벼운 입자는 위에서 언급한 WIMP의 성질을 지니고 있다.

WIMP 암흑물질은 여러 가지 매력적인 성질을 지니고 있다. 그 가운데 하나는 초기 우주에서 생성된 뒤 현재까지 남아 있는 WIMP 입자들의 양을 계산해 보면 자연스럽게 우주 전체 에너지의 25퍼센트 정도가 얻어진다는 점이다.

무엇보다 흥미로운 WIMP나 액시온의 특성은 중력을 통하지 않고 다른 방법으로 그 존재를 직접 확인할 수 있다는 점이다. WIMP는 일반 원자들과 약력 정도로 상호작용을 하기 때문에 매우 미약하지만 일반 원자와 충돌이 가능하다. 현재 적절한 검출기를 건설하여 우리 지구 주변에 암흑물질로 산재하고 있는 WIMP와 검출기 사이의 충돌 현상을 관측하고자 하는 실험이 세계 여러 곳에서 진행 중이다. 액시온은 강력한 자기장을 걸어 주면 빛으로 바뀌는 성질을 지니고 있는데 이를 이용해 액시온의 존재를 확인하려는 실험 또한 진행되고 있다. 만일 이러한 실험들이 성공하여 WIMP나 액시온이 발견된다면 이는 물리학사에 획기적인 사건이 될 것이다.

WIMP와 관련되어 더욱 흥미로운 가능성은 가까운 장래에 스위스 제네바에 있는 유럽 원자핵공동연구소에서 수행될 예정인 거대강입자가속기 실험을 통해 WIMP를 인위적으로 만들어 내는 것이다. 이 실험이 이루어지면 태초에 만들어진 우주 암흑물질을 인간이 건설한 거대강입자가속기를 통해 다시 만들어 내고, 그 물리적 성질을 밝혀낸다는 점에서 인류 문명의 가장 위대한 성과 가운데 하나가 될 것이다.

암흑에너지의 존재를 알려 준 '우주의 가속 팽창'

마지막으로 우주 전체 에너지의 가장 많은 부분을 차지하는 암흑에너지에 대해 이야기해 보자. 이 암흑에너지는 아무도 예상치 못한 발견을 통해 그 존재가 드러났다.

잘 알려졌다시피 우리 우주는 팽창하고 있다. 그렇다면 우주가 팽창할 때 과연 시간이 흐름에 따라 그 팽창 속도가 증가하는지, 감소하는지는 우주의 과거와 미래를 추정하는 데 중요한 판단 기준이 된다. 하지만 20세기 후반까지는 우주가 감속 팽창하는지, 가속 팽창하는지 관측이 가능하지 않았다. 다만 일반 물질 사이의 중력은 서로 끌어당기기 때문에 우주는 감속 팽창을 하고 있으리라 믿어져 왔다. 우주가 팽창하는 속도의 변화를 눈에 띌 정도로 보려면 우주 나이 140억 년에 가깝게, 최소한 수십억 년 동안의 팽창 과정을 추적하여야 한다. 이는 언뜻 불가능해 보인다.

하지만 이제는 그러한 추적이 가능하다. 10억 광년 떨어진 별을 현재 관측하면 10억 년 전 그 별에서 출발한 빛이 현재 우리에게 도착하여 지금까지 일어난 변화를 알려 주기 때문이다. 즉, 10억 광년 떨어진 별로부터 100억 광년 떨어진 별까지 측정한다면 지난 100억여 년 동안 우주가 팽창하는 속도가 어떻게 변화해 왔는지 알 수 있다.

물론 아무 별이나 이런 정보를 주지는 않는다. 수십억 광년 이상 떨어져 있어도 관측이 가능할 정도로 강력한 빛을 내어야 하고, 그 빛의 도플러 효과를 통해 광원이 멀어지는 속도를 결정할 수 있도록 그 별로부터 나오는 빛의 실제 파장에 대한 믿을 만한 정보가 있어야 한다.

다행스럽게도 이 조건을 충족시키는 특정한 종류의 초신성이 있다. 우리말로 '손님별'이라 하는 초신성은 별들이 핵연료를 다 태우고 중성자별이나 블랙홀로 소멸하기 전 마지막으로 엄청난 양의 에너지를 발산하며 폭발하는 상태를 나타낸다. 1998년 특정한 초신성들을 관측한 결과, 우리 우주가 50억 년 전까지는 감속 팽창을 했고, 그 뒤부터 현재까지는 가속 팽창을 하고 있다는 사실이 발견되었다.

우주의 가속 팽창은 현재 우주를 차지하고 있는 에너지에 대해 놀라운 사실을 알려 주고 있다. 우리가 일상적으로 알고 있는 모든 에너지는 입자의 운동 에너지 혹은 질량 형태로 존재한다. 빛이 주는 복사 에너지 역시 빛 알갱이 입자인 광자의 운동 에너지에 해당한다. 아인슈타인의 일반 상대성 이론에 의하면 이러한 에너지는 공간의 팽창 속도를 줄이는, 서로 끌어당기는 중력만을 만들어 낸다. 그렇다면 우주가 가속 팽창한다는 실험 결과는, 현재 우주가 이런 에너지와 매우 다른 형태의 에너지, 즉 서로 밀어내는 중력을 만들어 내는 에너지로 대부분 채워져 있다는 뜻이다. 이러한 다른 형태의 에너지가 바로 암흑에너지다.

우리가 아는 원자들은 별의 형태로만 존재하는가?

먼 거리에 있는 별들의 회전 속도는 왜 줄어들지 않을까?

암흑물질의 기본 입자는 일반 물질과 다를까?

암흑에너지는 우주상수일까?

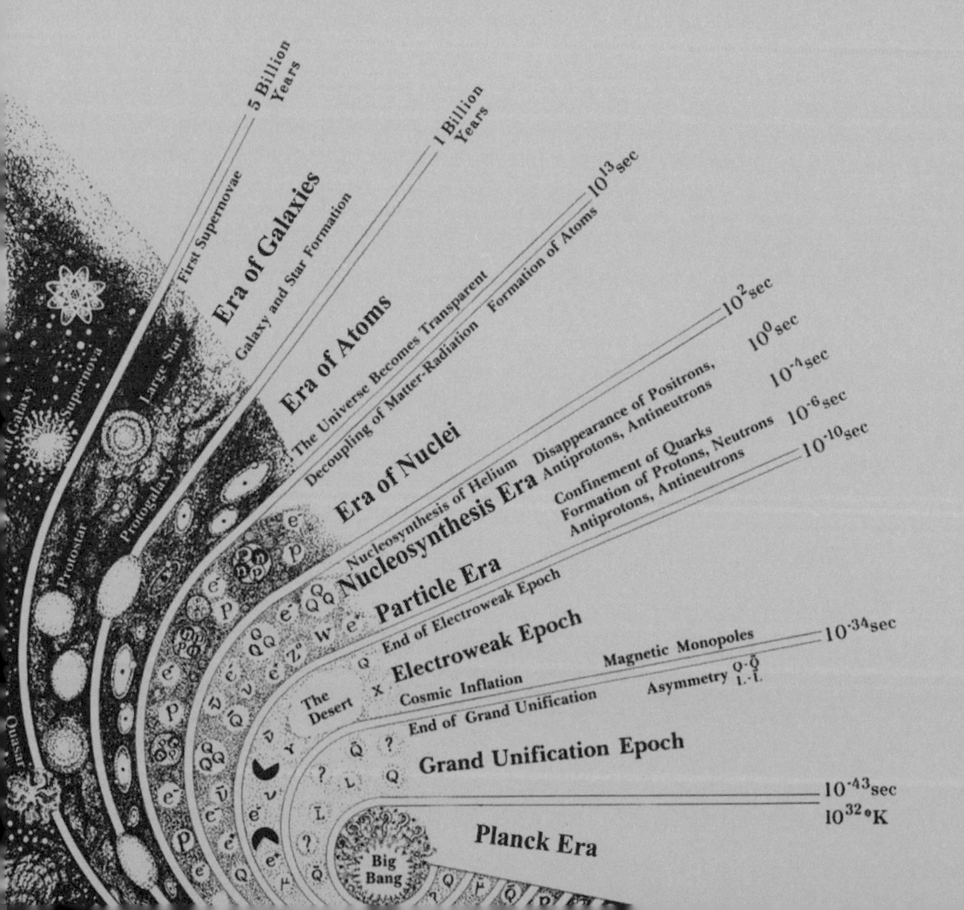

우주를 가득 메우고 있는 암흑에너지

어떤 에너지가 서로 밀어내는 중력을 만들어 낼 수 있을까? 가스 상태에 있는 입자들을 생각해 보자. 이 가스를 상자 안에 넣으면 입자들의 운동에 의해 상자 표면에 압력이 작용한다. 이때 상자를 팽창시키면 가스 압력이 상자 표면을 통해 일을 하게 되어 가스의 운동 에너지는 줄어들게 된다.

밀어내는 중력을 만들어 내는 에너지는 반대의 상황을 연출한다. 그것이 차지하는 공간을 팽창시키면 압력은 반대 방향으로 일을 하고 이에 따라 팽창된 공간의 에너지는 커지는 기묘한 성질을 가진 것이다. 흔히 암흑에너지의 이러한 성질을 암흑에너지가 공간에 미치는 압력이 음수 값을 가지고 있다고 표현한다.

우주 가속 팽창 외에 암흑에너지의 존재를 보여 주는 또 하나의 관측 사실이 있다. 앞에서 이야기한 우주배경복사는 지구 운동에 의한 도플러 효과를 제거하면 모든 방향이 비슷한 온도(절대온도 2.7도)를 가지는 특성을 보이고 있다. 그러나 은하 혹은 은하군 형성의 뿌리가 되는 조그만 요동이 초기 우주에 있었고, 이에 따라 도플러 효과를 제거한 뒤에도 우주배경복사 온도는 방향에 따라 약 10만 분의 1도 정도 미세한 차이를 가지게 된다.

이 미세한 온도 차이가 방향에 따라 어떻게 변화하는지를 엄밀히 분석하면 우주 공간이 평평한지 혹은 휘어져 있는지를 알 수 있다.

이는 휘어진 공간에서 빛이 진행할 때 그 궤도 역시 구부러지며, 이에 따라 서로 다른 방향에서 오는 두 빛의 교차 각도가 공간의 휘어진 정도에 따라 달라지는 사실을 이용한 것이다. 최근 수년 사이 인공위성을 통해 여러 다른 방향의 우주배경복사 온도의 정밀한 측정이 가능해졌고, 이 결과로 우리 우주 공간이 매우 평평하다는 사실이 밝혀졌다.

관측된 만큼의 팽창 속도를 가지며 역시 관측된 만큼 평평한 우주 공간을 아인슈타인의 일반 상대성 이론에 대입하면 우리 우주가 가져야 할 전체 에너지 밀도가 결정된다. 그런데 앞서 이야기한 암흑물질과 관련된 모든 관측 사실은 일반 원자와 암흑물질이 차지하는 에너지는 이 전체 에너지의 30퍼센트 정도밖에 되지 못한다는 것을 보여 준다. 즉, 70퍼센트가 부족한 것이다. 전 우주에 골고루 분포되어 있으며 우주 가속 팽창을 유발하는 암흑에너지는 바로 이 부족한 70퍼센트를 정확히 채워 준다.

암흑에너지에 대한 가장 중요한 의문 역시 물리학적 실체이다. 위에서 언급하였듯이 암흑에너지가 밀어내는 중력을 만들어 낸다는 사실로부터 그것이 입자 형태로 존재하지 않음은 이미 밝혀졌다. 암흑에너지의 실체를 결정하는 데 가장 중요한 물리량은 압력 밀도(p)와 에너지 밀도(r)의 비율을 나타내는 상태상수(w=p/r)이다.

예를 들어, 천천히 움직이는 무거운 입자들의 에너지는 질량에 의해 주어지는 반면에 압력은 미약하여 w는 매우 작은 양수 값을 가진다. 빛의 속도로 움직이는 입자들의 경우 빠른 운동에 의한 압력 때문에 w는 1/3의 값을 가진다. 그리고 암흑에너지 경우 초신성 자료와 은하 형성이나 우주 나이에 암흑에너지가 미치는 영향 등을 엄밀히 분석한 결과, w가 -0.8에서 -1.2 사이의 값을 가짐을 알 수 있었다.

이 암흑에너지의 특성은 물리학자들을 흥분시켰다. 물리학에서 w=-1인 에너지는 우주상수라 일컫는 아주 특별한 에너지이기 때문이다. 암흑에너지의 w값이 -1에 매우 가깝다는 사실은 암흑에너지가 바로 이 우주상수임을 강력하게 나타내고 있다.

〈우리 우주는 유일한가?〉에서도 잠깐 언급했듯이, 우주상수는 역사적으로 아인슈타인에 의해 최초로 도입된 물리량이다. 1920년대 말 미국 천문학자 허블Edwin Powell Hubble에 의해 우주 팽창이 발견되기 전 아인슈타인은 우주가 정적 상태에 있다고 믿었으며, 그러한 정적 우주를 일반 상대성 이론에서 얻기 위해 노력하였다. 이 과정에서 아인슈타인은 정적 우주가 가능하려면 우주상수의 도입이 필요함을 발견하였던 것이다. 그러나 우주 팽창이 발견된 직후 아인슈타인은 우주상수의 도입을 일생의 최대 실수라 자탄하며 즉시 폐기하였다. 이렇듯 죽었던 우주상수가 암흑에너지로 다시 부활한 것이다.

현대 양자물리학 관점에서 보면 우주상수는 우주가 진공 상태에 있을 때 가지는 에너지 밀도를 의미한다. 사실 이 우주상수는 현대 물리학의 최대 난제 가운데 하나로 오랜 기간 동안 물리학자들을 괴롭혀 왔다. 현재 믿어지고 있는 대로 암흑에너지가 진정 우주상수라면 암흑에너지의 발견은 단순히 새로운 우주 구성 요소를 하나 더 발견한 것을 의미하지 않는다. 궁극의 물리 법칙, 양자 중력 이론, 우주의 유일성 등에 대한 우리의 생각을 송두리째 바꾸어 줄 수 있는 발견인 것이다. (자세한 내용은 〈우리 우주는 유일한가?〉 참조)

지금까지 이야기된 내용들을 정리해 보자. 우주 전체 에너지의 5퍼센트 정도는 우리에게 익숙한 일반 원자들로 이루어져 있으며, 25퍼센트는 암흑물질, 70퍼센트는 암흑에너지가 차지하고 있다. 암흑물질과 암흑에너지는 현재까지 중력을 통해 그 존재를 드러낼 뿐 물리적 실체는 베일에 싸여 있다. 이들의 실체를 규명하는 것이야말로 21세기 물리학의 가장 중요한 몇 가지 당면과제 중 하나일 것이다.

지금까지 암흑물질 및 암흑에너지에 대한 많은 이론적 추론이 있었으나, 향후 10여 년을 예측해 볼 때 가장 기대되는 것은 암흑물질과 암흑에너지에 대한 새로운 실험적 증거이다. 지구 주위를 떠도는 WIMP나 액시온은 암흑물질의 직접 발견, 거대강입자가속기에서 암흑물질 입자 생성, 암흑에너지의 w 값에 대한 정밀 측정 등이 바로 그것이다.

20세기 초반 원자구조의 발견이 물리학의 새로운 지평을 열어 주었듯이 암흑물질과 암흑에너지에 대한 이러한 발견들 역시 물리학의 새 지평을 열어 줄 것이다.

UNIVERSE **04**

자연이 이토록 복잡하고 아름답고 질서정연한 이유는 무엇일까

정재승

복잡계를 설명하는 일반 이론을 발견할 수 있을까?

Can we develop a general theory of the dynamics of turbulent flows and the motion of granular materials?

모래 한 줌을 병에 집어넣고 흔들면 고운 모래는 아래로 내려가고 굵은 모래나 조개 부스러기들은 위로 올라오는 현상, 즉 브라질 땅콩 효과는 엔트로피 증가의 법칙을 거스르는 것일까? 많은 사람들은 고체나 액체와 다른 알갱이 동역학이 완성되면 복잡계에 대해, 즉 자연이 이토록 복잡하면서도 질서를 가질 수 있는 이유에 대해 창조주의 개입 없이 설명할 수 있으리라 기대를 품고 있다.

브라질 땅콩 효과

바닷가 모래사장에 앉아 노는 아이들은 날마다 '비평형 물리학'적 현상을 발견한다. 모래 한 줌을 콜라병에 집어넣고 흔들어 주면, 고운 모래는 아래로 내려가고 굵은 모래나 조개 부스러기들은 위로 올라온다. 콜라병을 한참 동안 흔들면 모래 알갱이들이 크기 순서대로 차곡차곡 쌓여 있는 모습을 발견하는 것이다.

공사 현장에 가면 모래 더미에서 자갈을 골라내는 기구가 있는데, 이것 역시 '비평형 물리학의 거대한 실험장'이다. 가는 철망이 드리워진 네모난 프레임에 모래 더미를 올려놓고 약간씩 위로 쳐주면서 옆으로 흔들면, 자갈들은 위로 올라오고 고운 모래는 아래로 내려가 철망 사이로 빠져나간다. 이른바 브라질 땅콩 효과Brazil-nut effect의 원리를 통해 자갈을 걸러 내는 일이 일상처럼 벌어진다.

무언가 이상하지 않은가? 교과서에서 배우기를, 세상의 모든 운동은 엔트로피가 증가하는 방향으로 진행한다. 세상은 더 복잡하고 무작위적인 방향으로 진행하며, 질서가 점점 더 깨지는 듯이 세상은 돌아간다.

즉, 담배 연기가 담배 끝에서 퍼져 사방으로 흩어지는 현상은 벌어져도 그 연기가 다시 담배 끝으로 모일 가능성은 거의 없다. 커피 잔에 떨어뜨린 우유가 골고루 커피 속으로 퍼지는 일은 있어도, 다시 모여 우유 방울을 만들어 내는 일은 벌어지지 않는다. 빨간색, 노란색, 파란색 공들을 한데 뒤섞으면 골고루 섞이는 일은 벌어져도, 그들이 층을 이루며 나누어지는 일은 벌어지지 않는다. 그것이 바로 세상을 지배하는 법칙이라고 배웠다.

그런데 브라질 땅콩 효과는 그야말로 신기한 현상이다. 브라질 땅콩 효과는 여러 종류의 땅콩들을 한데 섞어 놓은 땅콩 믹스 캔을 사서 뚜껑을 열어 보면 가장 큰 브라질 땅콩이 항상 맨 위에 올라와 있다는 데서 붙인 이름이다.

골고루 섞인 입자나 모래 알갱이들이 서로 나뉘고 분리되고 질서를 갖게 된다니, 이걸 어떻게 설명해야 할까? 흔들수록 알갱이의 크기별로 층이 형성되는 이 현상은 얼핏 보기에 '시스템은 항상 엔트로피가 증가하는 방향으로 운동한다.'는 열역학 제2법칙을 위배하는 것처럼 보이는데 말이다. 우리는 지금 엔트로피 법칙이 통용되지 않는 우주의 어느 한구석, 엔트로피 신의 손이 뻗지 않은 '물리학 법칙 불모지'

를 관찰하고 있는 것은 아닐까?

이 오랜 현상은 물리학 내 비평형 통계물리학을 탐구하는 물리학자들을 오랫동안 괴롭혀 온, 아니 흥분시켜 온 현상이다.

아이들에게는 신기하게만 보이는 이 브라질 땅콩 효과가 제약회사들에게는 오래전부터 골칫거리였다. 잘 섞어 놓은 가루약을 차로 장시간 운반하고 나면 크기별로 층이 생겨 낭패를 보게 되기 때문이다. 아침 식사로 우유에 타서 먹는 시리얼이나 시멘트 재료를 운반할 때도 마찬가지다. 이를 해결하기 위해 기업들은 장거리 운반 후에 다시 골고루 섞는 작업을 해야만 했다. 브라질 땅콩 효과 때문에 기업들이 추가로 부담해야 하는 돈만 해도 연간 66조 원. 이 작은 현상 하나로 생산 원가의 40퍼센트를 차지하는 돈이 지출되고 있다는 것이다.

고체나 액체, 기체에 관한 연구는 물리학 분야에서 수백 년의 역사를 갖고 있지만, 알갱이 입자들에 관한 연구가 비슷한 역사를 갖고 물리학자들의 관심을 끌었던 것은 아니다. 어찌 보면 이 질문은 '20세기가 찾아낸 질문'이라고 볼 수 있으며, 알갱이가 고체와 액체에서는 볼 수 없는 풍부한 특성을 가지고 있다는 것이 알려지면서 알갱이 동역학granular dynamics이 물리학 분야에서 새롭게 각광받게 되면서 탄생한 질문이다. '인류가 아직 풀지 못했으나 꼭 풀어야 할 가장 중요한 난제 125개' 가운데서도 가장 최신의 핫이슈라고도 볼 수 있다.

모래시계에서 엿보는 복잡계

그렇다면 과연 물리학자들은 알갱이 동역학을 통해 알갱이와 소용돌이 같은 복잡한 현상들을 말끔히 설명할 수 있는 일반 이론을 찾아낼 수 있을까? 산사태가 일어나고, 브라질 땅콩이 위로 솟구치는 까닭을 설명할 수 있을까? 과연 그들은 모래 알갱이와 땅콩들 속에서 무엇을 발견하고 싶은 것일까?

브룩헤이븐 국립연구소의 덴마크 출신 물리학자 퍼 박Per Bak은 한 줌의 모래가 만들어 내는 패턴 속에서 '스스로 짜인 고비성Self-organized criticality'이라는 현상을 발견했다. 그가 IBM 토마스 왓슨 연구소 동료들과 함께 발견한 이 현상은 많은 물리학자를 해변에 앉은 아이처럼 신기해하는 존재로 만들었다.

바닥을 깨끗이 한 뒤 모래를 일정한 속도로 조금씩 쏟아 부어 보면, 모래들은 자신이 처음 떨어진 곳에 조금씩 쌓이면서 산 모양의 작은 모래 더미를 만든다. 시간이 흘러 모래 더미가 어느 정도 경사를 이루게 되면 모래 알갱이들은 경사면을 타고 조금씩 흘러내리게 된다. 규모가 작은 산사태avalanche가 일어나는데, 모래를 더 많이 부을수록 흘러내리는 모래의 양은 많아지고 산사태의 규모도 커진다.

일정한 속도로 모래를 계속 부어 주면 쏟아지는 모래와 산사태로 떨어지는 모래의 양이 균형을 이루면서 모래 더미가 일정한 각도의 더미를 이루게 된다. 이때 만들어진 각도를 멈춤각angle of repose이라

한다.

흥미로운 것은 멈춤각이 모래 더미의 크기와는 상관없이 모래의 특성에 따라 항상 일정한 값을 가진다는 사실이다! 모래를 아무리 더 부어도 모래 더미는 스스로 일정한 각도의 모래 더미를 계속 유지하려고 애쓰는 것처럼 보인다. 멈춤각보다 작으면 모래가 계속 쌓이고, 멈춤각보다 크면 옆으로 계속 흘러내려서 일정한 각도의 모래 더미를 계속 유지한다. 이런 상태를 고비 상태critical state라고 부른다.

시카고 대학교의 하인리히 재거Heinrich Jaeger 교수와 그 동료들은 전자현미경을 이용해 모래 더미의 경사면을 촬영했다. 그 결과, 모래 더미가 위치에 따라 서로 다른 성질을 나타낸다는 사실을 알아냈다. 모래를 계속 쏟아부으면 모래 더미 경사면의 얇은 위층은 마치 액체처럼 흘러내리고 안쪽은 고체처럼 고정된 상태를 유지한다. 이것은 알갱이들이 쌓여 있는 경우 정적인 마찰력static friction에 의해 고체처럼 형태를 유지하려는 특성 때문인데, 이 현상을 처음 발견한 과학자는 약 150년 전의 쿨롱Charles Augustin Coulomb이다.

기원전 3세기경부터 사용되었다고 추정되는 '모래시계'를 들여다보자. 일정한 속도로 떨어지는 한 줌의 모래 속에 시간의 흐름을 담아내는 이 장치에서는 모래들이 일정하게 흘러내린다. 만약 모래시계 안에 모래 대신 물이나 다른 액체를 집어넣으면 시계로서 제 기능을 할 수 있을까?

이 경우 물의 흐름은 모래처럼 일정하지 않다. 드럼통에 구멍을 뚫어 물줄기를 밖으로 흐르게 하는 경우, 구멍을 중간에 뚫었을 때보다 바닥에 뚫었을 때 물줄기의 흐름은 더 세다. 액체는 위에서 누르는 압력에 따라 물줄기의 속도가 달라져 모래시계를 물로 채울 경우 물시계의 물줄기는 시간이 갈수록 점점 가늘어질 것이다. 또, 물이 거의 다 떨어질 무렵 마지막 남은 한 방울은 표면 장력에 의해 떨어지지 않고 그대로 맺혀 있을 가능성이 높다. 결국 모래시계는 모래를 사용했기에 가능할 수 있었던 발명품인 것이다.

그렇다면 모래는 어떻게 위에서 누르는 모래의 양에 상관없이 일정한 흐름을 만들 수 있는 것일까? 재거 교수의 실험에서 본 것처럼, 모래 더미의 경우 바깥 경사면만 액체의 성질을 나타내며 모래 더미의 중심부는 대부분 고체의 성질을 띠고 있다. 모래시계의 경우 유리면에 닿는 경사 부분의 모래는 액체처럼 미끄러져 내려가지만 위에서 누르는 모래는 고체처럼 고정되어 있다. 따라서 밑으로 흘러내려 가는 모래에 압력을 가하지 않기 때문에 모래가 일정한 속도로 내려갈 수 있는 것이다.

또한 모래가 일정한 속도로 내려가기 위해서는 모래 알갱이의 크기와 모래시계 목neck의 직경이 정교한 비율로 이루어져야 한다. 알갱이 동역학 과학자들에 따르면, 모래시계의 목을 중심으로 위쪽과 아래쪽의 기압이 1만 분의 1이라도 차이가 나면, 모래가 일정하게 떨어지지 않고 불규칙적으로 똑똑 떨어지는 현상ticking effect을 실험으로 관찰했다.

유럽의 농경지에서는 곡물이나 사료를 저장하는 사일로silo라는 원탑 모양의 창고가 있는데, 이곳에서도 곡물이 한꺼번에 무너지지 않고 필요한 만큼 일정하게 떨어지게 하는 것이 상당히 중요한 문제라고 한다. 이렇듯 모래시계의 연구는 농업 학자들에게도 중요한 통찰력을 제공할 것으로 보인다.

복잡성을 연구하는 물리학자들에게 '모래들이 만들어 내는 패턴'이 주목을 받는 데에는 몇 가지 이유가 있다. 우선, 모래 알갱이들이 만들어 내는 패턴은 주변 조건이 조금만 바뀌어도 전혀 다른 형태의 패턴이 만들어진다는 점이다. 다시 말해, 모래 알갱이들의 패턴이, 흔히 나비 효과로 대변되는 초기 조건에 민감한 비선형 방정식으로 기술된다는 얘기다. 결국, 우리가 모래 알갱이들을 기술할 수 있는 일반적인 이론을 찾는다는 뜻은 이 복잡한 비선형 물리학 방정식을 찾겠다는 것을 의미한다.

물리학자들이 모래 알갱이들이 만들어 내는 패턴의 일반 원리를 찾고자 하는 이유는 무엇보다도 모래 더미가 스스로 일정한 각도의 모래 더미를 유지하려는 '자기 조직화'의 원리를 알아내고 싶어서이다. 이것은 복잡계의 가장 중요한 특성인 창발 현상emergent phenomenon, 즉 구성 요소(모래 알갱이)의 특성만으로는 설명할 수 없는 새로운 특성을 전체 시스템(모래 더미)이 갖게 되는 과정을 이해하고 싶기 때문이다.

QUESTIONS

브라질 땅콩 효과는
엔트로피 증가의 법칙을 거스르는 것인가?

고체나 액체와는 또 다른 알갱이 역학으로
복잡계를 설명할 수 있을까?

모래시계에 물을 넣으면 왜 제대로 작동하지 않을까?

질서를 머금은 복잡계는 창조주의 개입인가?

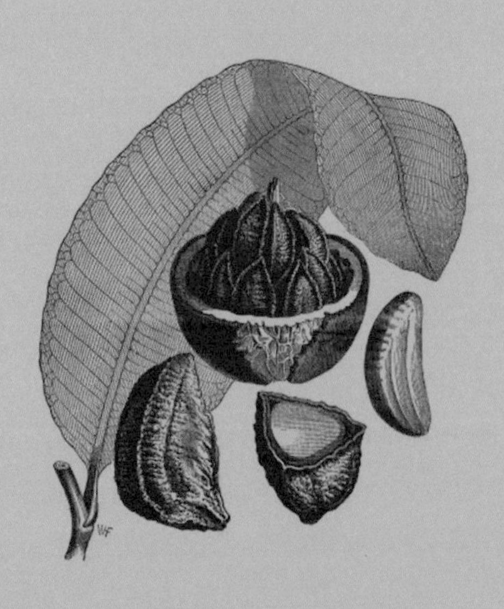

어쩌면 이것이 《사이언스》가 알갱이 복잡계의 일반 원리를 '인류가 아직 풀지 못했으나 꼭 풀어야 할 가장 중요한 난제 125개' 안에 포함시킨 이유일 것이다. 자연은 어떻게 지금과 같이 복잡한, 그러면서도 아름답고 질서정연한 패턴을 가질 수 있었을까? 엔트로피가 증가해야만 하는 세상에서 인간을 포함해 자연은 어떻게 질서를 머금은 복잡계를 만들어 낼 수 있었을까? 과연 우리는 '창조주의 개입'이라는 가정 없이 이 현상들을 설명할 수 있을까? 이러한 질문에 대한 중요한 단서를 알갱이 동역학은 제공해 줄 수 있을 것이다.

마지막으로, 스스로 자기 조직화하려는 성질에도 불구하고, 알갱이 시스템은 그 상태가 상당히 '불안정한 상태'라는 사실이 중요하다. 대부분의 경우 모래 알갱이들을 모래 더미에 떨어뜨리면 경사면을 타고 흘러내려 모래 더미는 자연스럽게 제 형태를 유지한다. 하지만 어떤 경우에는 한 알의 모래 알갱이가 큰 산사태를 만들 수 있다. 이른바 연쇄 반응 때문이다.

한 알의 모래 알갱이는 경사면을 타고 흘러내리면서 다른 알갱이들을 건드리게 된다. 이 알갱이도 따라 흘러내리면서 주위의 알갱이를 건드리게 되고 이런 연쇄 반응은 큰 산사태를 초래하게 된다. 만약 모래 더미가 멈춤각보다 큰 각도로 쌓여 있을 경우 한 알의 모래 알갱이가 큰 산사태를 만들 수 있다는 사실은 컴퓨터 시뮬레이션이나 정교한 실험으로 여러 차례 증명된 바 있다. 이를 이용해 지질학자들은 산의 모양이나 지형만으로 산사태의 가능성을 예측할 수도 있게 됐다.

알갱이 동역학의 꿈

알갱이 동역학에 대한 이해는 우리에게 이 시스템을 더 안정적으로 만들 수 있는 가능성도 제시할 것이라 생각된다. 흔히 기초가 부족해 언제 무너질지 모르는 탑을 사상누각이라고 하지만, 실제로 모래사장에 쌓여 있는 모래성들은 아주 튼튼할 뿐 아니라 어떠한 장식이나 디자인도 표현 가능할 만큼 모래들의 접착력은 대단하다.

모래성이 모래사장 위에 튼튼하게 서 있을 수 있는 이유는 모래 알갱이 사이를 이어 주는 수분 때문이다. 이처럼 '수분이나 다른 외부 요소가 어떻게 시스템을 안정적으로 변화시킬 수 있는가?'에 대한 탐구는 날씨를 포함해 불안정하게 바뀌는 자연계를 조정하고 싶은 인간의 욕망을 잘 드러내고 있다.

아직 갈 길이 멀지만, 소용돌이나 알갱이들을 관장하는 일반 이론을 이해하게 된다면 다양한 분야에서 이를 활용할 수 있을 것이다. 모래나 곡물에 관한 연구뿐 아니라 낱알들의 비탄성적 충돌, 크기가 다른 입자들의 혼합 과정, 타입II 초전도체의 자기선 운동, 지진이나 산사태가 발생하는 원인, 흙더미의 붕괴, 우주 성운의 형성 과정 등 다양한 분야에서 알갱이들이 만들어 내는 현상을 설명할 수 있을 것이다.

앞에서도 얘기했듯이 알갱이 동역학에서 가장 중요한 키워드는 무엇보다도 자기 조직화self-organization일 것이다. 이 우주가 어떻게 스스로

열역학 제2법칙, 이른바 엔트로피 법칙을 위반하지 않으면서, 지금처럼 복잡하면서도 정교하고 질서정연한 시스템을 스스로 만들어 낼 수 있었는가에 대한 해답을 얻을 수 있다면, 인간은 이제야 비로소 자연의 운행 원리를 이해했다고 자부해도 실언이 아닐 것이다. 인간의 몸을 이루는 하나의 입자와 알갱이에서부터 거대한 우주의 성운과 은하에 이르기까지, 자기 조직화의 원리를 이해하는 것이 비평형 통계물리학을 연구하는 모든 물리학자의 꿈이리라.

"우리가 어찌 하나의 입자가 움직이는 경로를 정확히 이해하지 못하고 우주의 진리에 다가갈 수 있단 말인가!"라며 탄식했던 빅토르 위고. 그는 이 우주를 채우고 있는 모래와 먼지 알갱이들의 패턴이 우주 탄생에 대해 어떤 해답을 제시할 수 있다는 사실을 이미 깨닫고 있었던 것은 아닐까? 이미 150여 년 전, 모래 알갱이들이 만들어 내는 패턴 속에 수많은 물리 법칙이 숨어 있음을 직감했던 것일까? 그의 풍부한 문학적 상상력은 150여 년이 지난 오늘에 와서 물리학자들에 의해 탐구되고 있으며, 우주 성운을 연구하는 천체물리학자들에게도 창의적인 영감을 제공하고 있다. 이제 우리도 빅토르 위고처럼 땅에 떨어진 곡식 한 톨이나 해변의 작은 모래 알갱이 하나가 이 우주를 만들어 낸 소중한 벽돌이었음을 어렴풋이 짐작하게 된 것이다.

* 《과학 콘서트》에 실었던 글이 마침 이 난제에 대해 잘 얘기하고 있어, 그 글을 수정 보완하였습니다.

위험한 좌담

인문학이 묻는다 "과학, 너 누구냐?"

참석자 : 김용석, 강신주, 정재승

때 : 2012년 5월 16일

정재승 '과학 난제'에 대해 인문학자 두 분과 이야기를 나눌 수 있게 되어서 마치 한 사람의 독자처럼 상당히 흥미롭고 기대가 됩니다. 이 기획에 대해 간단하게 말씀 드리면, 지난 2005년《사이언스》는 창간 125주년을 맞아, 그때까지 과학자들이 탐구했으나 해결하지 못한 과학 난제 125가지를 정했습니다. 그렇다면 과연 한국 과학자들은 이 문제들에 대해 어떠한 생각을 갖고 있는지, 앞으로 어떤 방향으로 연구를 해 나가야 할지 질문을 던졌고 이에 대한 답이 바로 저희 책의 내용입니다.

그런데 그 질문들이 과학자에게만 던져질 수 있는 것이 아니라 너무나도 근본적인 것이라는 생각에, 그럼 인문학자들은 과학자들이 탐구하고 있는 이런 난제들에 대해 어떠한 생각을 갖고 계신지 들어보고, 균형을 잡는 시간을 가지면 좋겠다는 생각이 들어서 이렇게 자리를 마련했습니다. 책에서 다루고 있는 주제들이 과학에서도 여러 분야에 걸쳐 있고 구체적인 내용들이기에, 개별 난제에 초점을 맞추기보다는 과학 전반에 대하여 인문학자들의 생각을 듣는 것이 좋겠다는 생각을 했고, 그래서 특별히 두 분을 모시게 됐습니다. 일단, 처음 이 기획을 접했을 때 어땠나요?

김용석 125가지의 과학 난제를 훑어보면서 처음 든 생각은 '이 세상에는 참으로 다양한 물음이 있구나!' 하는 것이었습니다. 다양성은 이래서 또 중요한 겁니다. 각각의 난제에 대해 구체적인 이야기까지 인문학자가 할 필요는 없겠지만, 난제들 대부분이 우리 사회 곳곳에 걸쳐 있는 것들이기에 인문학자들 역시 한 번쯤 곰곰 생각해 봐야겠다는 생각이 들었습니다.

물론 과학자들은 자신들의 전공 분야이니 그 난제들에 대해 설명하는 일이 뭐 어려운 일이겠느냐 생각할 수도 있지만, 이렇게 대중들을 독자 대상으로 해서 풀어서 이야기하는 것은 결국 공공 커뮤니케이션이기 때문에 생각보다 만만하지 않은 작업이었으리라는 생각도 들었습니다. 그 독자들 가운데는 저희 같은 인문학자도 포함되겠죠. 그래서 이 글들을 읽은 저희 인문학자가 그 다양한 물음의 식탁에서 상호소통하고, 비판적이며 논쟁적이기도 한 흥미롭고 즐거운 심포지엄을 할 수 있는 것이고요. '함께 마시다'라는 심포지엄의 원래 뜻처럼 말이지요.

강신주 과학자들이 쓰신 글을 보면, 물론 큰 틀에서는 자신이 가장 잘 아시는 팩트fact를 다루고 있지만, 가만 들여다보면 이미 해석이 들어와 있는 글입니다. 이렇듯 결국 과학도 팩트만으로 이루어지는 것이 아니라, 팩트를 설명하기 위해 해석이 들어오고 그 해석을 뒷받침하기 위해 또 팩트를 찾기도 하는 것이죠. 조금 더 여유가 있었다면, 각각의 난제에 대해 글을 쓰신 과학자와 인문학자가 대화를 나누면서 팩트도 공유하고 해석도 만들어 가면 어떨까 하는 생각이 들었어요. 그러기에 이 대화의 자리가 과학자들의 해석에 딴지 거는 것으로 비춰지지 않을까 살짝 우려가 되기도 합니다.

김용석 저는 아주 전문적인 과학적 팩트와 그에 대한 해석으로 이루어진 이러한 글들이 다각적 소통을 위한 하나의 미디어가 될 수 있다고 봅니다. 이 미디어를 우리가 어떻게 활용하느냐가 중요하겠죠. 이 미디어를 접하게 될 독자들까지 포함해서 말이죠.

과학 연구의 목적은 순수한가?

정재승 과학자들이 자연으로부터 얻은 팩트를 중심으로 해석하는 것과, 인문학자들이 인간에 관한 관찰, 사유를 통해서 인간의 삶에 대해 해석하는 것은 근본적으로 다른 결론에 도달하게 될까요?

강신주 제가 강의할 때 많이 하는 이야기인데요, 저는 대학에 있는 모든 과가 총동원되어야 한 인간이 설명될 수 있다고 봅니다. 물론 과학도 어떤 부분을 설명하지요. 하지만 예를 들어, 꽃이 지는 것을 보고 느끼는 감정에 대해서 과학이 설명하기는 만만치 않아요. 한편, 시인들도 꽃이 피는 것이 종족 보존을 위해서라는 사실 정도는 알아요. 직관이죠. 그런데 덧붙여서 '나도 꽃과 같다. 조금 있으면 진다.'라는 생각을 하죠. 이처럼 인문학이 가진 가장 큰 매력은 일단 인간에게 집중한다는 것입니다. 반면, 인문학은 퍼즐을 맞춰서 종합적으로 인간을 설명하려고 할 때 허술한 면이 있어요. 그렇기 때문에 누가 강한 주장 하나를 펼쳐서 들이밀면 거기에 좌우되고는 하죠. 그 부분을 과학이 메워 줄 수 있다고 봅니다. 결국 과학과 인문학은 그런 식으로 대화를 할 수 있지 않을까요.

또한, 저처럼 인문학을 하는 사람들은 가급적 헤게모니를 버리고, 이야기를 듣고자 하는 성향이 더 강합니다. 혼자 공부하는 것보다 전문 분야를 십 년 넘게 공부하신 분들의 이야기를 듣는 것이 더 빠르니까요. 그래서 이번 원고들을 보면서 '이거 재밌네, 저거 재밌네, 이런 테마면 나중에 이 선생님과 이야기를 해 보면 나중에 헛소리는 안 하겠다.' 이런 생각을 했습니다.

앞서 말씀드렸듯이 인문학은 인간의 편에 서기 때문에 체제라든가 인간을 억압하는 것들에 저항도 합니다. 인간의 자유와 행복이 인문학자들의 꿈이니까요. 그런데 과학의 발전은 자본의 발전, 거대 시스템의 발전과 관련이 있습니다. 그렇다면 어느 결정의 순간이 왔다고 했을 때 과연 과학 하시는 분들이 궁극적으로 과학을 버리고 인간의 편을 들까 의구심이 들어요. 물론 간혹 있죠. 아인슈타인이 핵무기 개발에 거리를 둔 것처럼요.

정재승 인문학자들이 인간을 이해하는 데 이 책에서 다루고 있는 이런 자연과학적 질문이 어떻게 받아들여지나요?

강신주 예를 들어, 뇌에 대한 이야기가 이 책에 몇 꼭지 있는데, 요즘은 '뇌' 하면 뇌사, 장기 기증이 먼저 떠오릅니다. 제 제자 가운데 의사들이 있어서 그런 이야기를 많이 듣기도 했고요. 실제로 우리 사회에서도 분명 장기가 팔리고 있는데, 뇌사가 인정된다면 분명 거기에 영향이 있겠죠. 그리고 장기 기증 관련한 단체들은 일종의 도덕적 완충 작용을 하고요. 그래서 뇌에 대해서 연구한다고 했을 때 '과연 그 연구의 목적이 순수하기만 할까?' 이런 의문이 드는 게 사실입니다. 삶과 죽음을 다루는 과학 연구에 대해서 얘기할 때는 보험회사가 바로 떠오르고요. 죽음에 대한 공포를 유발하고, 내일을 두렵게 함으로써 현재를 살지 못하게 만들고, 미래에 대해 걱정하면서 보험을 들게 만드는 메커니즘이 어쩔 수 없이 연상됩니다. 좀 가혹하게 얘기해서 '과학자들이 단순히 순수한 목적으로만 연구하는 것이 아니라 거기에 상업적인 부분, 자본이 연관돼 있는 거 아니야?' 대놓고 물어보고 싶기도 합니다. 물론 그렇지 않은 부분이 많으며, 그렇지 않은 과학자가 많다는 거 압니다. 크게 봤을 때 분명 순수한 연구 목적이 클 테고요. 그래도 어쩔 수 없이 의심이 드는 게 사실입니다.

정재승 사실 과학 연구는 본질적으로 그 속성과 진행 과정상 자본에 종속될 수밖에 없고 권력에 휘둘릴 수밖에 없습니다. 연구비를 지원

해 주는 사람이 하라는 연구를 해야 하거든요. 그러니 그들에게 봉사하는 방향으로 연구가 진행될 가능성이 높죠. 그런데 그러한 연구 방식이 세상에 통용되고 오랫동안 유지되기 위해서는 그것을 노골적으로 드러내서는 안 되기에, 대의명분을 앞에 놓고 다양한 활용 가능성은 숨기고 연구를 하는 경우가 많죠.

김용석 나름 과학자에 대한 부정적인 이야기였는데 이렇게 쉽게 받아들이시니 더 이상 이 이야기는 할 수 없게 되어 버렸네요. 흔히들 이런 것을 스펀지 전략이라고 하지요.(웃음)

정재승 아까 강 선생님이 과학과 인문학이 충돌할 때 어느 편에 있어야 하는지에 대한 질문을 하셨는데, 사실 저는 가치 판단의 중심이 인간 중심주의, 생명 중심주의이다 보니, 인문학 쪽에 조심스레 손을 들고 싶었거든요. 그런데 저는 이 대화의 자리에서 과학을 대표하고 있다고 할 수 있는데, 이래도 되나 모르겠습니다.(웃음) 저 같은 경우에는 연구의 70퍼센트는 신경과학이지만, 20~30퍼센트는 뇌공학적인 응용인데요, 뇌에 관한 지식들이 겉보기에는 환자를 위해서라고 돼 있지만, 사실 군사적 목적 같은 데도 많이 활용될 수 있죠. 그 밖에도 다양한 곳에서 인간을 조작하거나 조종하는 방식으로 활용될 수 있고요. 하지만 일단 대의명분은 환자 치료에서 찾는 경우들이 있어서, 항상 자책을 하죠.

과학은 가치중립적이다?

김용석 대부분의 경우, 우리 인문학자는 과학자에게 집니다. 그분들은 우리 삶을 편안하게 해 주고, 사람을 고치고, 수명도 연장해 주고, 과학이 우리에게 주는 혜택들이 많으니까요.

《인문학의 창으로 본 과학》의 공저자로 포항공대 아태물리센터가 주최한 행사에서 강의를 한 적이 있습니다. 그때, 실질적으로 현대 거대과학에서 과학의 가치중립성을 내세우는 것은 과학자들이 방어선을 치고 문화의 다른 분야와 대화를 더 이상 이어 가지 않겠다는 뜻과 같다는 요지의 이야기를 하면서 과학 실험실 얘기도 했습니다. 그러자 질의응답 시간에 모 물리학 교수님이 "선생님은 실험실에서 일어나고 있는 일 자체에 대해서는 세세하게 모르지 않습니까?" 이렇게 물으시더라고요. 사실 그렇게 이야기하면 할 말이 없기는 합니다. 곧 말문이 막히기도 하지만 이렇게 얘기했습니다. "당연히 제가 교수님보다야 모르죠. 하지만 꼭 눈으로 본 것만 아는 것은 아닙니다. 만유인력의 법칙이 보입니까? 이처럼 우리가 자연 현상은 보지만, 자연의 법칙은 보지 못합니다. 그렇기 때문에 보이는 것만 가지고 이야기할 수는 없지요." 그리고 과학의 가치중립성에 대해서는 "과학의 가치중립성을 증명할 수 있을까요? 조금 지나치게 얘기하자면 그 증명은 신의 존재 증명 수준쯤 될 것입니다."라고 했는데, 과학자들도 과학의 가치중립성 문제에 대해서는 조금 더 솔직해질 필요가 있습니다. 과학이 사람들의 신뢰를 얻기 위해서는 투명해야 합니다. 그러기 위한

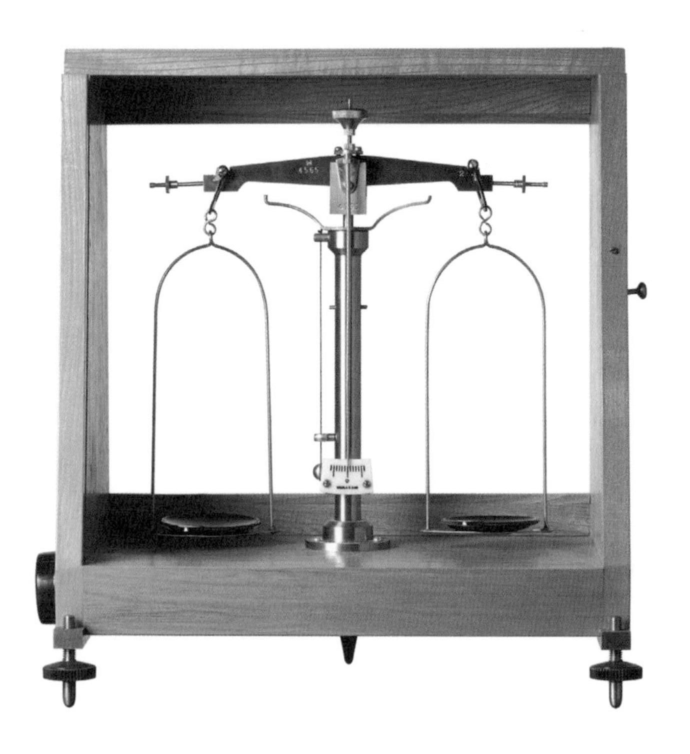

기본 조건 가운데 하나가 과학의 가치중립성이라는 '대화를 단절하는 방어 무기'를 버리는 겁니다.

정재승 한편, 과학자 입장에서는 과학은 늘 인문사회과학의 비판적 대상이라는 생각이 듭니다. 항상 인문사회과학이 과학을 공격하고 과학자들은 거기에 대해서 방어를 하거나 변명을 하는 식인데, 그 방어라는 것도, 일단 우리의 손을 떠난 문제이고 프로메테우스의 불처럼 그걸 어떻게 이용하느냐의 문제라는 상당히 구차한 변명이죠. 또는, 세상에는 좋은 것도 있고 나쁜 것도 있다고 하거나 과학이 저지른 문제를 그 다음 과학이 해결한다고 하는데, 무슨 얘기를 하든지 사실 다 구차하거든요. 그러니까 항상 과학자들이 수세에 몰리는 느낌입니다. 우리 과학자들은 인문사회과학자들에게 거의 비판을 안 해요. 한때 인문사회과학이 과학적 엄밀성을 갖고 있느냐, 과연 인문학적 방법론을 검토해 볼 때 하나의 학문으로 볼 수 있느냐, 그런 논쟁도 있었지만 이제는 그마저도 없는 상황이죠. 과학자들은 방어의 자세를 취하는 경우가 많죠. 반면, 인문사회과학자들은 과학의 혜택을 보면서, 과학자들을 비판하는 쿨한 위치에 있잖아요. 과학자들을 비판하는 글을 컴퓨터로 써서 이메일로 넘기고, 파워포인트로 보여주면서…….(웃음)

김용석 만약 과학이 과학혁명의 세기라고 하는 17세기 이후가 아니라 중세에 그러한 힘을 갖고 있었다면, 아마 상당수의 신학자들이 과학을 엄청 공격하지 않았을까요? 과학의 혜택을 보면서도 말입니다. 상대로부터 혜택을 받는지 여부와 관계없이, 비판은 항상 어떤 형태이든 힘을, 권력을 대상으로 하는 것 아니겠습니까? 상대방이 제공하는 기술적 성과를 비판의 도구로 활용하는 것은 전략적으로도 효과적이고요.(웃음) 결국 지금 과학과 인문학의 관계에는 힘의 문제가 있다는 것입니다. 현대 사회에서 인문학에게도 보이지 않는 힘이 있기는 합니다만.

정재승 맞아요. 인문학자들은 정부를 움직이고 사회를 움직이고 기업을 움직이잖아요.

김용석 하지만 성과물이라는 면에서 눈에 보이는 힘은 과학이 갖고 있죠.

정재승 많은 돈이 그리로 가고요.

김용석 강 선생님이 말씀하셨듯이 자본과의 결합도 과학이 훨씬 밀접하죠. 그리고 사실 지금의 과학은 산업혁명 이후로는 '과학기술'이라고 함께 쓰죠. 그전까지는 과학과 기술이 떨어져 다녔는데, 그것은 분명 큰 차이입니다. 결국 그 과학기술이 눈에 보이는 성과라는 면에서 가시적인 힘이 크기 때문에 아무래도 비판의 대상이 되는 거죠.

과학이 자본에 저항하는 법

강신주 과학의 가치중립성을 표방한다는 것은 상당히 위험할 수 있습니다. 가치중립적이라고 한다면, 과학의 결과물을 신학자도 자본도 마음껏 이용해도 된다는 말이 되니까요. 저는 과학자 역시 인간이기에 가치중립을 표방하면 안 되고, 과학에 가치를 넣어야 한다고 봅니다. 그래야 과학이 인간적인 모습을 갖고 핵이나 전쟁이나 파괴로 안 갈 수 있으니까요. 사실 "가치중립적이다."라는 이야기처럼 중립적이지 않은 담론이 없습니다. 권력이 항상 이렇게 얘기하잖아요. 자유를 풀어 놓으면 방종이 된다고 하면서 그 얘기하는 사람이 가장 방종하죠. 이 지점에서 인문학자와 과학자의 대화가 의미가 있을 텐데, 오히려 과학의 명확한 가치성을 인지하고 딴 데서 악용 안 되도록 만드는 게 중요하지 않을까 합니다. 자본이나 체제가 어떠한 과학의 결과물을 함부로 이용하려고 할 때 아예 작동이 안 되게 할 수도 있겠죠. 그 부분이 어디인지는 아무도 모르게요.

정재승 그럼, 그 판단은 누가 하나요?

강신주 과학자들이 책임지고 해야죠.

정재승 그게 합의가 가능할까요?

강신주 몰래 몰래 해야죠. 합의하면 들킵니다.(웃음) 그러니 혼자서 하는 거예요. 어차피 체제를 벗어난 결단들은 고독한 결단이거든요. '너희들이 하면 나도 하겠다. 너희들이 다 저항하면 나도 마지막에 저항하겠다. 너희들이 다 안 하니 나도 가만있겠다.' 이러면 절대 실천이 나오지 않습니다. 과학자 한 사람 한 사람이 자기 결정을 해야 합니다. 자기 결정을 옹호할 사람을 기다릴 필요는 없죠.

일례로, 병원에서 돈 벌기 가장 좋은 방법은 검사 많이 돌리는 거고, 그 때문에 많은 월급을 받는다는 사실을 알게 된 제자 의사가 저에게 "어떡하죠?" 물은 적이 있습니다. 그때 저는 "네가 판단을 내려서 돈 많이 버는 사람한테는 검사 많이 돌리고, 가난한 사람한테는 해야 되는 최소한의 검사만 돌려라. 할 수 있겠니? 그 정도는 네가 할 수 있는 거 아닐까?" 그랬죠. 게릴라처럼 살아야 한다고 했죠.

이 거대한 체제 안에서는 정규전을 하기 힘드니까요. 그런 게릴라전들이 쌓이면 사회가 좋아지는 거죠. 과학자 한 사람이 어떻게 자본과 맞서겠어요. 또, 그런 생각을 가진 과학자가 연구소나 조직에서 빠져 나오면 그 역할은 누가 하나요. 그런 사람들이 게릴라처럼 들어가 있어야 해요. 머릿속에 자본이나 권력이 아니라 인간이 있는 그런 사람 말입니다.

김용석 일종의 프락치죠! 인문 프락치!(웃음)

정재승 과학적 사실을 정확히 알고 있는 인문학자!

강신주 그런 사람들이 있으면 황우석 사건 같은 이상한 일이 안 생깁니다. 그런 문제를 맞닥뜨렸을 때 '이게 뭐지? 이게 인간한테 도움이 될까? 이게 진짜 있었던 거야?' 이런 생각을 하는 사람 말이죠. 저는 우리 체제에서 낭만적으로 돈키호테처럼 정규전 하자는 얘기는 지혜롭지 못하다고 생각합니다. 우리 인류 역사를 보면 그런 느낌이 들어요. 내가 살고 있는 곳 바깥으로 나가서 고치는 게 아니라, 이 안에서 고치는 거예요. 어떤 사람들은 바깥으로 나가 맞장 뜨자고 그러는데 그러면 져요. 바깥은 없고 바깥은 절벽이에요. 이 안에서, 여기서 싸워야 돼요.

아까 그 제자한테 이렇게 얘기했어요. "심장 전문의인 네가 병원을 나가면, 그 자리에 결국 무조건 검사 많이 돌리는 애가 들어올 거야. 최소한 네가 거기 있으면 다르지 않을까? 그렇게 부의 재분배 역할도 할 수 있고. 네가 있어서, 신자유주의 의료 시스템 안에서 의료보험 안 되는 검사를 마구 받아야 되는 가난한 몇 사람이 구제받을 수 있는 거 아닐까."

정재승 물론 게릴라전도 필요하지만, 시스템을 유지한 채로 게릴라전만 할 수 있는 것은 아니잖아요. 시스템에 저항하고 시스템을 바꾸려는 정규전도 필요하지 않을까요?

강신주 그러면 혁명이 되는 거죠.

김용석 인문 프락치의 세포전은 과학계에만 필요한 전략이 아니라, 세상 전체에 통용되는 방식이라고 볼 수 있습니다. 권력자들이 보기에는 암세포일 수 있지만, 우리가 보기에는 좋은 세포들의 게릴라전이죠. 흔히들 정치 체제, 지역 사회 등에서 각각의 세포가 노력하는 모습을 보면서 한두 명이 해서 될 일이냐 묻고는 하는데, 제가 보기에는 옛날부터 철학자들의 가르침 역시 그러한 노력에 대한 것 아니었나 싶어요. 결국 처음 시작은 한두 명이 하는 거라고요.

그렇다면 정 선생님이 말씀하셨듯이 게릴라전만 하고 정규전은 하지 않느냐? 게릴라전을 잘하면 정규전을 할 필요가 없습니다. 사실 정규전은 엄청난 폭력이라는 위험 부담을 안고 있어요. 피 없이 혁명을 한다? 지금껏 그런 경우는 없었어요. 또, 통째로 바꿔 놓은 체제가 꼭 좋다는 보장도 없고요. 그러한 예는 역사 속에서 많이 볼 수 있죠. 프랑스 대혁명 뒤에 공포 정치가 오기도 하고, 러시아 혁명 뒤에도 독재가 있었죠.

정재승 갈수록 과학은 덩치가 커져서, 거대강입자가속기 하나를 움직일 때도 전체 과정을 완전히 이해하는 사람은 제대로 없다고 합니다. 이렇듯 점점 자신이 하는 연구가 어느 위치에 있는지 모르는 거대한 과학 시스템 안에서 과학자는 살아가고 있는데 어떻게 게릴라전을 할 수 있을까요?

강신주 변명이에요. 피하고자 할 때 쓰는 변명. 하나하나가 다 시스템에 연결되어 있는데, 자기 것만 안다? 그럴 리 없습니다. 과학 연구가 점점 거대화된다는 것은 유기적으로 시스템화된다는 건데, 직관적으로도 알아요. 그런데도 "나는 이것만 알고 있어요."라고 하는 것은, 마치 나치 시절에 "나는 열심히 내 임무만 다 했을 뿐이에요. 이 서류가 유대인을 죽이게 될 줄은 몰랐어요."라고 하는 것과 다르지 않아요.

정재승 모른다기보다는 어느 순간 자기 손을 떠나게 되거나, 최종 의사 결정자와 나 사이의 거리가 멀어지는 거죠. 내가 통제할 수 있는 범위를 벗어나면, 처음에 부여받은 미션과 다르게 엉뚱한 방향으로 갈 수 있는 거죠.

강신주 흔히 사람들은 '모 아니면 도'라고 생각하고 미리 포기하는 경우가 많습니다. 주변에 인문학 하는 사람들을 만나 봐도 너무 편하게, 쉽게 실천 안 한다고 이야기하는데, 그때 논리가 '오십 보 백 보'예요. 하지만 실제 삶에서 오십 보와 백 보는 완전 달라요. 그러니 그저 한 걸음만 가도 돼요. 의사 결정의 시간을 지체시키기 위해 코드라도 뽑든가, 작게라도 영향을 끼칠 수 있는 방법은 다양하고 많습니다.

김용석 비슷한 예로, 흔히 쓰는 말 가운데 한두 개, 예닐곱 개, 이런 말이 있는데, 확률로 따져 봐도 '예닐곱 개' '십중팔구'는 어느 정도 맞아요. 하지만 한두 개라는 말은 좀 문제가 있죠. 50퍼센트와 100퍼센트는 엄청나게 차이 나니까요. 강 선생님 말씀처럼 오십 보와 백 보는 엄청난 차이가 있죠.

과학자에게 인문학이 필요한 이유

강신주 과학자들이 과학적 팩트에 대해 이야기할 때는 굉장히 무게감이 있는데, 그에 대한 자신의 판단을 이야기할 때 보면 그 무게감이 확 떨어져 보일 때가 있습니다. 마치 핵무기 위에 올라가서 망치로 두드리고 있는 과학자 같은 느낌이랄까요? 자신이 무엇을 하고 있는지 모르고 있는 듯 보이는 거죠. 그래서 위험해 보입니다. 또 한 가지 제 바람은 과학자들이, 과학도들이 좀 더 많이 사랑하면 좋겠어요. 많이 사랑하고 많이 사랑받는 과학자는 자기가 하는 과학 행위가 다른 인간에게 어떤 영향을 끼칠지 좀 더 고려하지 않을까요?

김용석 정 선생님이 아까 과학 외부에서 들어오는 비평에 대해서 말씀하셨는데, 결국에는 과학 내부의 비평이 중요하다고 봅니다. 궁극적으로 과학 비평은 내부 비평이 되어야 하는 거죠. 내부 비평을 가지기 위해서는 과학 이외의 부분이 성숙해져야 합니다. 세상 전체를 연결해서 볼 수 있는 인문적인 링거액을 주사할 필요가 있는 거죠. 그런 교류를 어떻게 할 것인지 그 방법을 구체화할 필요가 있습니다.

정재승 과학자들이 인문학자들과 함께 과학에 대해 논쟁하면 괜한

반발심만 생기고 덜 생산적이지 않나 싶어요. 그보다는 오히려 과학자 스스로 과학을 인문학적 시각으로 바라보는 시간이 필요합니다. 그렇게 되면 자연스럽게 자신이 지금 이걸 왜 하는지, 누구를 위해서 하는지, 그런 생각을 하게 될 테니까요.

김용석 그런 면에서 시와 음악 같은 것을 많이 접해서 문화적 감수성을 키우는 일도 중요하고, 전반적인 교육 과정의 개선이 필요하다고 봅니다. 다 크고 난 뒤에는 고집불통이 돼서 뭐든 잘 안 받아들이려고 하니까요.

강신주 제가 참 안 좋게 생각하는 단어가 천재예요. 재목이라는 뜻이잖아요. 인적자원도 마찬가지고요. 그것은 인간에 대한 비하거든요. 과학고 아이들은 보통 2학년 마치고 대학 들어가는 경우가 많은데, 그 1년 동안 빨리빨리 재목으로 키워서 빨리빨리 써먹으려고만 하지 말고, 오히려 배낭 메고 돌아다니게 하는 게 훨씬 좋지 않을까요?

신경과학이 인문학에 던지는 질문

정재승 지금까지 얘기를 통해, 두 분의 인문학자께서 평소에 과학을 어떻게 생각하고 계셨는지 적나라하게 드러났는데요.(웃음) 이제 조금 더 구체적으로 이야기를 나누어 보도록 하죠.

강신주 뇌에서 시냅스가 붙었다가 떨어졌다 하고, 그에 따라 몸에 변화가 생기는 그런 구조가 저에게는 너무나 매력적입니다. 사실 들뢰즈가 얘기하는 커넥션connection 개념도 시냅스에서 왔다고 보입니다. 중심은 없고 오히려 복수적인 형태의 것들이 연결되어서 존재하는 구조는 시냅스 이미지와 매우 비슷하죠. 시냅스 하나하나가 우리일 수도 있고, 중심 없는 사회, 억압이나 독재가 없는 사회에 대한 전망 같은 것들도 떠올려 볼 수 있죠. 뇌가 몸을 지배하는 것이 아니라 세포 하나하나가 생명체라고 본다면, 중심 없이 하나의 공동체를 유지하는 모습도 그려 볼 수 있고요.

정재승 사실 인문학자들은 이미 오래전부터 사유만으로, 개인적인 경험이나 행동 관찰만으로도 충분히 인간의 의식이나 정신 작용에 대한 연구를 해 왔다고 할 수 있죠. 과학적 사실 없이 이루어진 그러한 연구 가운데 결국 과학자들이 생물학적으로 증명한 것도 있고, 완전히 잘못됐다고 반박당한 것도 있습니다. 어쨌든 지난 100년 동안 신경과학이 상당히 발달해서 조금씩 기억을 설명하는 생물학적 토대를 세웠고, 영혼이라는 개념을 도입하지 않고도 감정이나 의식에 대해 생물학적 메커니즘을 설명할 수 있는, 단편적이지만 아주 작은 증거들이 쌓여 가고 있는 상황입니다. 그렇다면 인문학에서는 감정을 어떻게 다루고 있는지 궁금하네요.

강신주 인문학을 하는 입장에서 봤을 때 인간의 본질은 감정입니다.

그렇기 때문에 저는 뇌를 연구할 때 감정 부분을 더 많이 다루어야 인간의 본질에 더 가까이 다가간다고 생각합니다. 저는 강의할 때 늘 "타인을 파괴하지 않고 가장 부드럽게 소통하고 흘러가는 법, 감정에 복종하는 법을 배워야 한다. 그게 인문적 감수성이다."라고 해요. 감정이 살아나야 억압적인 사회가 없어지고, 과학기술이 어떻게 사용되는지 보여요.

김용석 저 역시 감정 얘기는 중요하다고 생각합니다. 사람들이 흔히 과학자한테만 감정을 소홀히 한다는 비판을 하는 것이 아니고, 철학자들에게도 그렇게 비판해요. 철학의 대표적인 분과가 논리학이잖아요. 철학자들이 너무 이성적이고 논리적이라는 거죠. 그런데 우리가 가장 이성주의적인 철학자라고 하는 칸트나 계몽주의 시대의 상당수 철학자는 이성의 힘을 가지고 감성을 억누르고 있는 것들을 깨고자 했어요. 즉, 이성이 감성을 해방시키는 역할을 한 거죠. 인간의 감성을 종교적으로 혹은 도덕주의적으로 억누르고 있던 것들을 깬 것이 바로 그러한 철학이었죠. 이성이라는 것은 감성의 가치를 발견하고 감성에 대한 억압을 방어하며 감성을 살려 내기 위해 존재하는 것으로 볼 수 있습니다.

정재승 어떻게 보면 현대 신경과학과도 맥이 잘 닿아 있는 것 같네요. 예전에는 감정이라는 것이 좀 더 원시적인 인간의 능력이나 상태이고, 많은 동물도 공유하고 있는 것이고, 그 위에 이성적인 뇌가 얹어져서 인간이 완성된다고 믿었죠. 하지만 현대 신경과학은 뇌의 상당 부분이 감정을 처리하고 있고, 인간의 사고가 결국 이성과 감성의 쌍두마차에 의해 이끌어져 가고 있다는 것을 밝혀냈죠. 그래서 어느 하나만으로는 판단 자체가 불가능합니다. 고등 감성 영역이 망가진 환자는 계속 이성적으로 비교만 할 뿐 어느 하나에 대한 선호도 갖지 못하고, 아무런 의사 결정도 못합니다. 사실 남의 입장에서 공감하고 사회적 인지를 갖는 능력은 굉장히 고등한 감성 능력이죠. 이 능력을 제대로 못 갖추면 이성적 판단이 절름발이가 될 수밖에 없습니다. 어쩌면 철학자들은 이미 오래전부터 알고 있었던 것을 과학자들은 이제 와서 겨우 드러냈다고도 할 수 있죠.

김용석 사실 철학자들이 알고 있었던 것이 그렇게 많지는 않습니다.(웃음)

정재승 직관적 사유로 그랬다는 거죠. 한편, 과학자의 입장에서는 "인간을 탐구하는 인문학자들이 인간의 본질적인 요소와 깊은 연관을 맺고 있는 뇌에 대한 이해가 없이 어떻게 사유나 관찰이나 그동안의 학문적 전통만으로, 지금 사회에서 인문학을 하고 법과 제도를 만들고 사회학을 할 수 있을까? 인문학자들이 조금 더 자연과학에 관심을 가지면 더 폭넓은, 한 차원 높은 인문학을 할 수 있게 되지 않을까?" 이런 생각도 할 수 있지 않을까 합니다.

강신주 앞서, 뇌에 도덕적 판단을 관장하는 영역이 있다는 연구 결과가 있다고 말씀하셨는데, 혹시라도 뇌나 신경에 대한 그러한 연구가 법과 처벌의 문제와 연결된다면 상당히 위험할 수 있다고 봅니다. 그러한 데이터는 충분히 조작 가능하니까요. 말씀하셨듯이 아직 확실하게 밝혀진 것도 아닌데 말이죠. 사실 인간의 몸은 굉장히 미묘해서 실험이 잘 안 돼요. 실험 하려는데 조건이 계속 변하니까요. 그런데 그렇게 불확실하고 위험한 연구 영역을 자꾸 건드린다? 법 영역과 연관시킨다? 저는 자본, 연구비 문제와 자꾸 관련 지어서 생각하게 됩니다. 연구 보고서 쓸 때 늘 써야 하는 항목 있잖아요. 사회 기여도, 기대 효과. 미미한 단서가 발견되었을 뿐인데도 그걸 마구 밀어붙여 나가죠.

결국 인문학자들이 과학을 비판하는 대목은 그 발견 하나하나가 아닙니다. 인간은 다양한 측면에서 파악하고 이해되어야 하는데, 과학적 사실 하나가 혹은 환원적 해석이 그 그림을 이상하게 흐트러뜨리고 있는 것은 아닌가 하는 거죠.

김용석 잘 아시다시피 서양 철학은 물리학에서부터 시작했죠. 소크라테스 이전의 철학자들을 자연철학자라고 하는 이유도 그거고요. 과학과 철학의 구분이 없었죠. 그래서 어떤 궁극의 원리로 모든 것을 설명하려 합니다. 이 책에 실린 난제 가운데 '통일 이론은 가능할까?' 역시 그러한 영향을 받은 거죠. 에드워드 윌슨을 빌면 '이오니아의 마법'에 걸린 거죠.

그러나 인문학은 그때그때의 문제를 해결해야 해요. 그러기 위해서는 지금 나와 있는 여러 가지 지식과 정보를 활용해 그럴 듯하게 '이야기'를 잘 만들어서 사람들한테 제시하는 거죠. 그렇다고 그럴 듯하다는 것이 쉽고 장난스럽다는 뜻은 아니에요. 지금 상태에서 가장 가능하고 가장 덜 폭력적이고 가장 덜 피해가 가는, 덜 주입식인, 자유의 폭이 넓은 그런 해법이라는 말이죠. 물론 과학적으로 볼 때에는 덜 치밀할 수도 있겠죠. 궁극적인 원칙을 추구하는 분들이 보기에는 틀린 방법도 많겠죠. 하지만 그것이 인문학자들로서는 최선을 다해 책임을 이행하는 방법입니다. 당면한 문제에 대해 손 놓고 있을 수는 없으니까요.

정재승 프로이트가 그 대표적인 예가 아닐까 합니다. 너무나도 아름답고 경험적으로 그럴 듯한 설명이었고 그랬기에 한 시대를 풍미했죠. 하지만 정신분석학은 아직 과학적으로 검증되기 어려운, 근거가 없는 이론이라는 게 지배적인 견해입니다. 뇌에 대한 이해가 전혀 없던 시절에 정말 천재적인 직관으로 만들어 놓은 이론이 아무리 사회적 함의가 있더라도, 과학적 토대를 상실하거나 부재한 상황에서 우리 삶에 어떤 의미를 가질까요? 물론 문학을 해석하는 데 의미가 있기는 하지만…… 이렇듯 제한적일 수밖에 없다고 봅니다.

김용석 실제 프로이트가 왕성하게 활동했던 시기는 20세기 초반인데, 당시에는 오늘날 같은 신경과학이 거의 발달하지 않았습니다. 그러한 상태에서 인간을 이해하기 위해 가능한 대답들을 최대한 꾸려 본 것이 정신분석학인 거고요. 전 그렇게 '꾸려 가려는' 노력 자체가 의미 있다고 봅니다. 어떤 때에는 그것의 논리 정합성이나 과학성보다 삶을 위해 가능한 답들을 어떻게든 꾸려 보려는 그런 노력 자체가 의미 있는 거죠.

궁극의 법칙은 필요한가?

정재승 물리학자들 가운데는 '굉장히 복잡한 수많은 현상으로 가득 차 있는 이 우주의 개별 현상들을 말끔하게 설명할 수 있는 무엇인가 하나의 근본적인 원리, 즉 theory of everything이 존재할 수 있다고 믿고 심지어 그걸 우리가 발견하고 이해할 수 있다.'고 믿어서 그걸 탐구하는 사람들이 있습니다. 이런 물리학자들의 노력을 인문학자들은 어떻게 바라보나요?

강신주 "뛰어, 뛰어!" 그러면서 개구리를 탁 쳐요. 그랬더니 개구리가 뛰어요. 그 다음에는 뒷다리를 자르고 똑같이 해 봐요. 그랬더니 개구리가 가만있어요. 그러고 나서 제가 결론을 내려요. 개구리 뒷다리에 청각 기관이 있다고. 그 결론이 유효할 수 있을까요? 어쩌면 실험, 이론이라는 것이 이처럼 상당히 성급한 결론에 다다를 수 있음을 늘 염두에 둬야 합니다. 흄이 "인간의 설명은 관습이다."라고 했듯이, 무언가 설명할 때 늘 조심하고 겸손해야 합니다.

또한 모든 문제에는 매우 복잡한 원인들이 존재합니다. 인간은 너무 많고 다 상당히 다르기 때문이죠. 세포들이 모두 완벽하게 동일하다면, 신경세포들이 과연 시냅스로 연결될 수 있을까요? 전 아니라고 생각해요. 분명히 차이가 있어요. 이렇게 세포 하나하나, 인간 한 명 한 명이 다른데, 전체 우주를 설명하는 원리를 찾으려는 것은 굉장히 위험합니다. 신을 찾고, 원죄를 찾겠다는 것처럼 너무 많이 나아간 거죠. 물론 과학자가 그런 원리를 추구할 수 있습니다. 하지만 일정 부분 자제도 해야 한다고 생각합니다.

정재승 구체적으로 질문을 좁혀 보죠. 뉴턴 이전까지는 달이 지구를 도는 운동과 사과나무가 땅에 떨어지는 현상이 개별적인 사건들처럼 보였는데, 뉴턴이 그러한 개별 사건들을 만유인력의 법칙 하나로 간단하게 설명했듯이, 이제 이 우주에서 일어나고 있는 굉장히 많은 현상과 운동들을 하나의 법칙으로 설명하려고 합니다. 즉, 이들을 관장하는 힘이 대략 네 가지 정도 있다는 것을 알고 있는데, 이것을 하나의 법칙으로 통합해 설명하고자 하는 거지요.

강신주 하지만요, 그 어떤 힘 이론이 사과를 만들지는 못합니다. 사과가 떨어지거나 달이 도는 힘을 추상화할 수는 있지만, 그 힘이 사과를 만들지는 못한다고요. 무엇인가를 끌고 나가는 것, 무엇인가 생겨나고 한 생명체가 생겨나는 것과 설명하는 것은 다른 문제죠. 내 애인이 옥상에서 떨어지는 것과 망가진 소파가 떨어지는 것이 나에게는 같지 않아요. 궁극적인 원인을 찾았다고 해도, 제가 볼 때는 그저 하나의 측면일 뿐이에요.

물론 철학에도 그러한 경향이 없지 않았어요. 칸트도 순수이성으로만 보자고 했죠. 하지만 그 뒤로 실천이성으로 보자, 판단력으로 보자, 그렇게 최소한 세 가지 관점으로 보자고 했어요. 과학 하시는 분들은 순수이성으로만 판단하면서 절대적 원리를 찾겠다는 건데요, 그렇게 해서 사랑이라는 것까지 설명하려고 하죠. 하지만 그러한 담론은 굉장히 전체주의적이고, 일자가 다자를 지배하는 예전 논리와 다를 바 없습니다. 그 제일원리를 찾는 대신 복잡함을 그대로 인정했으면 좋겠어요. 뿌리를 뽑으면 위에 있는 사과들을 다 가져올 수 있지만 나무는 죽는다는 것 역시 생각해야 합니다.

김용석 저는 현대 과학을 낳게 한 이오니아식 사고방식이 보편적인 것은 아니라는 이야기를 하고 싶습니다. 아주 독특한 하나의 사고방식이죠. 하나의 원리로 환원시켜서 세상을 설명하고자 하는 노력은 기원전 7세기에 이미 있었지만, 그게 결코 보편적이지는 않습니다. 아주 특별한 거지요.

서양 언어로 얘기하는 필로소피아라는 것은 어떤 역사적 시기에, 특별한 상황에서, 어떤 이유에서인지, 특별하게 생성된 하나의 사고방식일 뿐입니다. 다만 그 사고방식이 지금까지도 상당히 힘을 가진, 지배적인 사고방식이 됐을 뿐입니다. 지배적이라고 해서 보편적인 것은 아니죠. 그것을 구분할 필요가 있습니다. 물론 지금 다른 것보다 비교적 더 많이 넓게 사용된다는 의미의 보편성은 있죠. 어쩌면 단일 원리를 찾고 있는 것에 대해서 어떻게 생각하느냐는 물음은 서구 필로소피아가 특이한 사고방식이라는 것을 잊고 당연하게 생각하기 때문에 나왔다고도 볼 수 있습니다.

강신주 결혼한 지 2~3년이 지나면 사랑에 관련된 호르몬 분비가 적어진다고 그러지요. 그런데 나이 든 부부가 손잡고 가는 모습을 보면, 그분들 혈색도 참 좋아 보이고 호르몬 분비도 왕성해 보여요. 반면에 결혼한 지 6개월도 안 됐는데 남남처럼 보이는 사람들도 있어요. 호르몬이 전혀 안 나오는 것처럼 보여요. 그리고 사실 호르몬 분비가 안 되는 것은 일이 너무 많아서이기도 하죠. 일주일에 5일, 6일씩 일하는데 사랑할 여력이 있겠어요? 그러니 정작 호르몬 분비를 막은 것은 죽도록 일하는 것만 강조하는 정권일지도 모르죠.(웃음)

과학 하시는 분들이 너무 단순하게 하나로만 환원시키려 하는 것은 아닌가 해서 안타까워요. 그분들의 연구와 발견을 부정하는 것은 아니에요. 환원주의가 문제라는 거죠. 사랑의 문제에 대해 질문을 던지고 이유를 찾고 그러면 그 사랑은 이미 끝난 겁니다. 물론 그렇게 해서 호르몬이라는 하나의 이유를 찾을 수도 있겠죠. 호르몬에 지배를 받으니 호르몬 처방을 한다고 하죠. 그런데 저는 몸-호르몬이 원인, 사랑-흥분이 결과라는 이러한 인과 도식이 상당히 편협하게 느껴져요. 두 사람이 좋아하는 관계라면 호르몬이 문제가 아니에요. 내가 상대방에게 갖고 있는 근본적인 친밀도가 중요한 거죠. 사랑하는 사람이 있을 때 그냥 가슴팍에 처박혀 있으면 되는 거예요.

정재승 평생 가슴팍에 처박혀 살 수는 없으니까요.(웃음)

강신주 인간은 참 복잡해요. 때때로 비밀번호가 막 바뀌는 전자키처럼요. 그래서 인간은 하나의 키로는 안 열립니다. 저는 하나의 사람이 탄생하면 하나의 세계가 탄생하는 거라는 프루스트의 이야기를 믿어요. 하나의 생명체가 죽으면 하나의 세계가 소멸하는 거예요. 마지막 뱀이 죽어 그걸 적외선으로 찍는다고 해서 그게 남는 걸까요? 뱀과 함께 사라지는 거죠.

정재승 저 역시 단일 원리를 찾는 연구가 좋은지, 나쁜지 의견을 듣고 싶었던 것이라기보다는, 인문학자들은 이런 방식의 추구보다는 개별적인 사실들을 중요하게 생각하고 천착하시는데, 더 추상적인 것을 추구하려는 과학자들의 방식에 대해 어떻게 생각하시는지 평소 궁금했던 겁니다.

김용석 어찌 됐든 현대 과학은 일단 '그 시점에서' 확정된 지식definite knowledge을 가지려고 합니다. 서구 과학의 가장 큰 특성은 데몬스트레이션demonstration, 즉 보여 주는 거죠. 그 보여 주는 방식이 결국 수학적 공식이나 실험 결과와 증명 같은 거고요.

환원론의 문제는 좀 복잡한데요, 저도 환원론 비판을 많이 하지만, 현대 과학이 존재하는 데 어느 정도 환원적 출발을 부정할 수는 없습니다. 그러면 과학적 과업이 시작이 안 되니까요. 하지만 자신이 출발했던 환원적 지점에 대한 지속적 성찰은 필요하다는 거죠. 유연한 환원성이라는 것은 부정할 수 없다고 봐요. 과업의 시작이 어려우니까요. 엄밀히 따지면, 자연법칙을 수식으로 표현하는 것 자체가 환원적입니다. 그 안에 다 들어가 있잖아요. 문제는 그것을 절대적으로 신봉하는 것이죠.

하나 또 짚어 봐야 할 것은, 누군가 네 가지 힘으로 정리를 하고, 거기서 더 나아가 궁극적인 힘을 발견하고자 할 때 그 사람이 거기까지 오는 데는 수많은 과정을 거쳤다는 거죠. 어느 날 갑자기 "이게 원리다!" 이렇게 내 놓은 게 아니잖아요. 심지어 탈레스가 "만물의 근원은 물이다."라는, 지금 볼 때는 말도 안 되는 것 같은 소리를 했지만, 당시 자기가 할 수 있는 한 최선을 다해 주위를 관찰하고 고민과 고민을 해서 나온 결과예요. 그 사람이 그러한 하나의 원리를 얘기하기 전까지 수없이 많은 다름과 차이를 봤다는 거죠. 우리가 그 과정 자체의 중요성을 부정할 수는 없는 겁니다. 어떻게 보면, 그 과정 자체가 현대 과학에서도 소중한 거죠. 물론 확정 지식을 만들어 내고 싶은 욕망이 있을 수 있어요. 그걸 인정하더라도, 결과물보다는 거기에 도달하기까지의 수많은 과정, 그걸 생각했으면 좋겠어요. 자기 성찰한다면 좋겠죠. 극단적으로 몰고 간다면 과학적 행위 자체를 완전 부정할 수도 있어요. 하지만 그보다 과학자가 걸어온 길, 과학자의 도를 기억하고, 지금의 지식이 '바로 현 시점에서 확정된' 지식이라는 것을 인정하자는 거예요. 그걸 까먹지 않았으면 좋겠어요. 그렇다면 과학이 좀 더 유연하고 다양성이 풍부해질 수 있지 않을까 합니다.

강신주 동물을 잡을 때 목줄을 못 잡으면 그 동물로부터 자유롭지 못하고, 꼬리를 잡으면 나를 무니까 명줄을 잡아야 하는 것처럼, 자연이 압도적이고 공포의 대상일 때는 그 목줄을 잡으려는 거겠죠. 목줄까지는 못 잡더라도 목줄이 어디 있는지라도 알아야 좀 편할 테고요. 하나의 원리를 찾는다는 것은 그런 거 아닐까요. 사실 주변 인문학자 가운데에도 일자를 탐구하려는 사람들이 극소수지만 있습니다. 그런데 시간이 가면 갈수록 인문학자들은 일자를 탐구하려는 쪽보다는 다른 쪽으로 가고 있어요. 그래서 함부로 재단을 안 해요. 일자의 논리, 지배의 논리에서 벗어나 자본과 권력에 저항하죠. 자본이나 권력이 일자의 역할을 하니까요.

나 자신도 한 인간이고 나는 저 사람하고 다르기 때문에, 내 입장을 다른 사람에게 강요하지 않아요. 그렇기에 인간의 과학 활동은 인간이 있어서 존재한다는 것을 염두에 둬야 한다고 생각합니다. 프루스트의 《잃어버린 시간을 찾아서》를 빌면, 한 인간이 깨어나면 그만큼 세계가 깨어난다고 할 수 있습니다. 이렇듯 한 인간이 하나의 세계인데 그 세계에게 어떠한 궁극적인 원리가 있다고 설득하고 강요할 수는 없지 않을까요?

최종 원리를 찾았다고 해 보죠. 그래서 악마도 설명되고 이명박도 설명되고, 다 설명돼요. 그래서 뭘 어떻게 할 건가요? 결과적으로 이 우주를 총체적으로 뽑아낼 각오가 아니라면, 의미가 없는 거죠. 어쩌면 통제해 버리겠다는 아주 강한 의욕, 야욕이 있는 걸지도 모릅니다. 공포감에 명줄을 잡겠다는 걸 수도 있고요. 우주에 대한 공포, 나에 대한 공포! 내가 하나의 사과인데 그 뿌리가 뭔지 좀 알면 더 편해질 거 같은데…… 그렇게 보면 종교적이기도 하고요. 그렇게 최종 원리를 찾았다고 해서 무엇을 설명할 수 있을까요? 옆에 있는 애인을 뭐로 설명하려고요? 꽃 하나를 뭐로 설명하려고요? 돌을 뭐로 설명하려고요? 설명할 수 있는 게 거의 없을 거예요. 우주를 폭발시키는 데는 도움이 될까요? 명줄을 봤으니까요. 천지창조의 힘을 얻으려는 야욕일 수도 있죠. 신이 되려는 욕망? 이론적으로 가능하다 할지라도, 그게 만약 현실화되면 정말 안 좋은 판도라의 상자 같은 걸 수도 있고요. 그 명줄은 나의 명줄이기도 하고, 모든 사람의 명줄이기도 할 거예요. 나는 하나의 원리를 찾기보다는 차라리 옆에 있는 개, 꽃들을 사랑하고 거기서 우주의 신비를 아는 게 더 중요하다고 봐요. 내가 찾고자 하는 것이 결국 일부분만 설명한다고 겸손하게 생각하면 좋겠습니다.

반면에, 존재라는 말은 모든 것을 설명해요. 모든 게 다 존재니까요. 정재승이라는 사람 하나 설명하면 존재도 설명하고, 생명도 설명하고 다 설명하잖아요. 이 사람 안에 신경과학도 있고 물리학도 있고요 상대성 이론도 있고, 빛도 있고 광학도 있고 다 있어요. 그렇게 존재에 집중해야 한다고 봐요.

김용석 지금껏 강 선생님과 제가 이른바 거시적 탐구에 대해 비판만 한 거 같아서 살짝 한 가지 덧붙일까 합니다. 분명 거시적 탐구는 우리 일상생활과 동떨어져 있는 듯 보이지만, 우리가 일상을 더욱 잘 이해하는 데 도움을 주기도 합니다. 예를 들어, 우리가 우주에 대해서 더 잘 알게 되면 될수록 지구에 대해서 더 잘 알게 되고, 지구에 대해 더 잘 알게 되면 될수록 한반도에 대해 더 잘 알게 되죠. 태양계에 대한 과학적 지식은 지구의 생명체에 대한 지식을 더욱 분명히 해 주고 풍부하게 해 주기도 합니다.

아주 미시적인 세계에 대한 탐구 역시 우리가 일상생활을 더 잘 알게 해 줍니다. 예를 들어, 미생물들의 세계에 대한 지식도 그렇고 원자 영역에 대한 지식도 그렇습니다. 또 다른 예로, 다윈의 진화론은 생명의 존재에 대한 시간 스펙트럼을 그 이전까지의 역사적 시간 단위(수천 년)와는 달리 황당할 만큼 거시적으로(억 년 단위로) 가져감으로써 진화의 가능성을 발견하게 된 것이죠. 궁극의 답을 찾아 떠나는 '어처구니없고' 엉뚱하기까지 한 지적 여행은 우리에게 그 답을 바로 알려 주지는 않지만, 그 과정에서 우리는 부수적으로, 어쩌면 꽤 실용적일 수도 있는 많은 지식과 지혜를 얻을 수도 있습니다.

그런 과정에서 얻는 과학자들의 가설, 설명 모델, 이론, 더 나아가 그 이론이 적용된 기술적 효과까지도 일종의 클러지kludge 같은 것일지 모릅니다. 결코 완벽하거나 충분히 세련되지는 않았지만, 일정 시기 동안 그런대로 나름 작동한다는 의미에서 말이죠. 새로운 과학 패러다임 역시 '그럴 듯하게' 작동하는 동안에는 나름의 효과와 가치를 인정받는 것이지요. 이런 의미에서 우리는 과학기술적 성과를 유연하고 융통성 있게 그리고 또한 비판적으로 수용해야겠지요. 인문사회 분야든, 과학기술 분야든 맹신과 숭배는 위험한 것이고, 그렇다고 무작정 배척하는 일 역시 어리석은 것이겠지요.

인간의 과학은 가능한가

정재승 시간이라는 개념은 인문학에서도 오래전부터 흥미롭게 탐구하던 대상이었습니다. 하지만 그리 멀지 않은 과거만 해도 우리는 나이가 얼마인지 세지 않았다고 하더라고요. 20세기 초만 하더라도, 호구 조사를 하러 돌아다닐 때에야 자신이 몇 살인지 그제야 따로 대충 계산해서 말해 주고, 그즈음에 자신의 나이가 얼마인지 인지했다고 하더라고요. 하루하루 날짜 가는 것도 크게 신경 쓰지 않았다고 들었습니다. 그러다 도시가 발달하고 철도가 생기고 열차 시간에 맞춰서 기차를 타야 하면서, 즉 외부의 시간에 내 삶의 시간을 맞추는 경험을 하게 되면서 시간이라는 개념이 우리 삶 속에 들어오고, 일정에 맞춰서 뭔가를 하는 삶이 보편화되었지요. 심지어는 지금처럼 30분 단위로 일정이 짜지고, 거기에 맞춰서 모든 집단이 움직이는 삶이 됐다는 건데요, 이런 걸 보면서 시간이라는 것이 굉장히 흥미로운 인문학적 소재이고, 시간이 어떻게 사람들 문화 속에 들어와서 인지되고 활용되는지 궁금해졌습니다.

최근 과학 분야에서도 우리 뇌에 생체시계라는 것이 있어서 우리가 시간을 따로 의식하지 않아도 때 되면 꽤 정확한 수준으로 같은 시간에 배가 고프고 잠이 오고 일주기적인 행동을 하게 만들고, 그런 것은 이미 3~4만 년 전에 뇌에 코딩이 되어 있어서 사실상 시계라는 개념이 인간의 발명품이라기보다는 자연의 발명품에 가깝고, 우리는 그런 것들을 예전부터 인지해 왔다는 것을 알게 되었습니다. 제가 보기에는 이러한 과학적 발견이 인문학자들에게도 굉장히 풍부하게 상상력을 자극할 거 같은데요. 옳으냐, 그르냐보다 상상력의 측면에서 말이죠. 덧붙여, 과학과 인문학적 상상력의 관계에 대해서 포괄적으로 언급해 주셔도 좋고요.

강신주 생체시계 얘기는 살아 있는 우리가 경험했던 시간과 시계탑의 시간에는 미묘한 차이들이 난다는 베르그송의 지적과도 맞닿아 있다고 보입니다. 그 차이들을 어떻게 존중해 줄 건지가 중요하겠죠. 무엇보다 저는 자명등을 만들자는 이야기에서 따뜻한 느낌을 받았어요. 개개인의 시간을 존중해 줘야 한다는 얘기잖아요. 그것을 과학적으로 풀어 가고 있고요. 물론 사장들은 그걸 이용해서 또 조절하려고 하겠지만요.

한편, 저는 20세기 후반부터 생물에 대한 우리의 관심이 커진 것은 바로 과학이 인문학화 돼 가는 징후라고 보여요. 생물'학'이라고 하지만, 인간을 보려 한다는 것을 많이 느끼게 돼요. 우리 자신을 이해하는 만큼, 삶을 이해하는 만큼 우주를 이해하는 방식 역시 넓어질 테고, 역사적으로 인간 삶에 과학이 들어온다는 것의 의미를 알게 되는 것이라고 생각해요. 한 사람의 인간을 설명하기 위해서는 모든 분야의 책이 총동원돼야 한다는 겸손함만 서로 가지고 있다면 과학과 인문학의 대화는 충분히 가능하다고 봅니다.

김용석 정 선생님이 원고에 "최악의 발명품 가운데 하나는 자명종이며, 그보다는 자명등이 필요하다."라고 하셨는데, 조금 더 생각해 보면 생체시계에 맞추어 산다는 것은 자연의 태양빛 주기에 따라 산다는 것을 의미하므로 사실 자명등 역시 그 인공성과 억압성이라는 점에서는 자명종과 본질적인 차이가 없는 것 아닐까 하는 의심도 들어요. 자명등이 자명종보다 조금은 더 인간적일 수는 있겠지만, 그저 태양빛의 주기에 따라 '자연스레' 사는 것에 비할 수 없는 것이지요. 어쩌면 자명등이 오히려 더 교묘하고 기만적일 수 있는 거지요.(웃음)

시간은 우리가 일상생활에서 감지하듯이, 또한 열역학에서 주장하듯이 마치 화살처럼 직선 운동(흐름)의 상징으로 묘사되고 인식되고 있습니다. 그래서 비가역적irreversible이기도 하죠. 그런데 24시간 주기의 생체시계에 우리 신체 기관이 동기화되어 있다면, 이는 시간의 개념에 큰 변화를 가져올 수 있지 않을까요? 시간의 차원을 직선 운동이 아니라 주기로 인식한다는 것은 오랫동안 철학자, 과학자가 의심해 왔듯이 시간은 실제로 존재하는 것이 아니라 운동과 변화를 이해하기 위한 개념이라는 쪽에 무게가 실릴 수 있겠지요. 이렇게 본다면 사실 동기화synchronize라는 말도 부적절할 수 있습니다. 그 술어에 시간-chronos을 뜻하는 말이 들어갈 것이 아니라, 에너지 운동의 유비화 내지는 일치화라는 의미에서 'synenergize'라는 말을 만들어 써야 이 문제를 더 잘 설명할 수 있지 않을까 하는 생각도 해 봅니다.

정재승 마지막으로 짧게 질문을 드리면, 과학자들이 선정해 놓은 이 과학 난제들이 인문학자들에게 어떤 상상력을 자극합니까?

강신주 과학의 난제라기보다 과학자의 난제라고 굉장히 인간적으로 끌어안았을 때, 더 의미 있어지지 않을까 합니다. 과학자의 난제라고 했을 때는 과학의 고민과 인간의 고민을 같이 끌어안고 가는 거고, 그런 식으로 간다면 과학을 맹신하면서 강요하고 설명하려 하지 않겠죠. 과학자들도 자기가 어디에 속해 있든지 간에 결국 과학자 자신이 중요하잖아요. 그 자리에서 인간도 보고 사회도 보면서 성찰을 하는 거죠. 난제라는 게 진짜 난제일까, 혹시라도 자본이 껴 있는 것은 아닐까, 권력이 요구하는 것일까 고민해 볼 필요가 있죠. 일반적으로 문제가 던져지면 머리 좋은 사람들은 문제 풀려고 달려들겠죠. 하지만 때로는 그대로 놔두는 게 좋을 때도 있습니다. 내 여인의 옛날 상처를 안 건드리는 게 좋을 때도 있는 것처럼요.(웃음) 감당 못합니다. 특히 실천적인 부분에서는 진실이라고 다 참되지 않을 수도 있어요. 어느 자리에 있든지 과학자들이 인간에 대한 고민을 하면, 함께 고민하고 이야기하며 풀어 갈 수 있다고 봐요.

김용석 저는 과학자들에게 가는 자극과 인문학자들에게 오는 자극에 큰 차이가 없다고 봐요. 다만 풀어 가는 방법이 다른 거죠. 과학이든 인문학이든 학자들이 흔히 빠지게 되는 것이, 집중을 하게 되면 다른 것을 안 보게 된다는 것입니다. 그리고 학문사라는 것이 그것을 가치 있게 생각했어요. 그러기에 분야를 최대한 좁혀 전공이 뭐냐 묻는 거죠. 저 같은 경우에는 박사 학위를 딴 뒤로는 그냥 철학 하는 사람이라고 소개합니다. 제가 대학원 석사 과정 마치고 박사 과정 들어갈 때, 네덜란드 출신 교수님 한 분이 이런 말을 했어요. "여러분은 이제 석사 과정의 세부 전공을 넘어서 종합적인 안목을 가진 철학자가 되는 시점에 있습니다. 이제 '철학자'라는 호칭이 어울리는 때가 된 겁니다."라고요. 하나에만 집중하면서 다른 것은 배제하는 것을 넘어서야 해요. 인문학도 과학도 마찬가지인데요, 모든 학문은 시선을 돌릴 줄 알아야 합니다. 시선을 돌리면 과학자들에게 주어졌던 이 난제들이 저에게도 "탁!" 하고 다가오는 거죠.

강신주 현대 사회에서는 무엇보다 과학의 힘이 강해져 있기 때문에, 과학이 가치중립성을 표방하고 자기 맡은 것만 연구하면 자본과 권력에 바로 휘둘릴 수 있다는 점을 잊지 않았으면 좋겠습니다. 그런 부분에서 누구도 자유롭지 못합니다. 그렇기 때문에 저는 인문학의 눈까지 담아 이 책에 글을 쓰신 과학자들이 우리 한국 사회에서 희망의 리스트 같아요. 희망의 과학자들이죠. 그 가치가 높게 평가됐으면 좋겠어요.

김용석 살짝 도발적으로 얘기해 보면, 과학자가 어떤 원리를 발견했다고 했을 때 좋은 얘기 하나 썼다고 생각하면 어떨까요? 과학자가 기가 막히게 스토리텔링 하나 했다고요. 그런 마음이라면 그 내용을 강요하려는 힘 역시 약해지겠죠. 내가 과학적인 무엇인가를 발견했는데, 이것을 어떻게 재미있게 스토리텔링할 수 있을까? 그렇게 청중의 반응을 살피는 과학자는 어떤가, 그런 발칙한 상상을 해 보면서 오늘 이야기를 마칠까 합니다.

125 Questions : What don't we know?